아레니우스가 들려주는 반응 속도 이야기

아레니우스가 들려주는 반응 속도 이야기

ⓒ 임수현, 2010

초   판   1쇄 발행일 | 2005년 9월 30일
개정판   1쇄 발행일 | 2010년 9월 1일
개정판 11쇄 발행일 | 2021년 5월 31일

지은이 | 임수현
펴낸이 | 정은영
펴낸곳 | (주)자음과모음

출판등록 | 2001년 11월 28일 제2001-000259호
주   소 | 04047 서울시 마포구 양화로6길 49
전   화 | 편집부 (02)324-2347, 경영지원부 (02)325-6047
팩   스 | 편집부 (02)324-2348, 경영지원부 (02)2648-1311
e-mail | jamoteen@jamobook.com

ISBN 978-89-544-2060-0 (44400)

아레니우스가
들려주는

반응 속도
이야기

| 임수현 지음 |

㈜자음과모음

아레니우스를 꿈꾸는 청소년을 위한
'반응 속도' 이야기

　우리의 생활 주변에는 많은 물질들이 화학 반응을 일으키
며 우리 생활을 더욱 풍요롭게 하기도 하고 때로는 곤란하게
도 하고 있습니다. 아침에 눈을 뜨면 어머니께서 식사 준비
를 하시는 부엌에서도 많은 화학 반응이 진행되며, 학교에
등교하는 길에서도 화학 반응을 찾아볼 수 있습니다. 오래된
건축물의 외장재가 부식되는 것도 화학 반응이며, 철이 녹스
는 것, 기체가 연소되는 것, 상처를 소독하는 것, 음식물의
요리 과정도 모두 화학 반응입니다.

　이렇게 다양한 화학 반응은 우리 생활과 아주 밀접합니다.
그런데 안타깝게도 많은 학생들은 화학 반응을 과학 수업 시간을 통해서만 공부할 수 있는 것으로 알고 있습니다. 화학 반응은 아직도 수업 시간에나 이야기할 수 있는 전문적이고 어려운 과목이라는 생각들을 하는 것이지요.

돌이켜 보면 과학 과목은 학창 시절의 저에게도 또한 어려운 과목이었습니다. 그래서 그때를 생각하며 최대한 아이들의 눈높이에 맞는 설명이 되도록 노력했습니다. 생활 속의 과학, 누구나 이해하기 쉬운 과학이기를 바라면서 말이지요.

모쪼록 이 책을 통하여 아이들이 쉽고 재미있게 반응 속도를 공부하여, 화학에 대해 흥미를 갖게 될 것을 기대합니다. 또한 우리 아이들이 세계적인 화학자로 자라서, 미래에는 좀 더 윤택하고 풍요로운 화학 세상이 되길 바랍니다.

끝으로, 그동안 저와 함께 수업을 진행하면서 부족한 부분을 메워 간 학생들에게 새삼 고마움을 느끼며, 이 책을 출간할 수 있도록 도와준 (주)자음과모음의 강병철 사장님과 기획실, 편집부 관계자 여러분께 깊은 감사를 드립니다.

임 수 현

차례

우리 **주변**의 **화학 반응**은?

우리의 생활 주변에서는 여러 화학 반응이 일어납니다.
못이 녹스는 것도, 음식물을 만드는 과정도 화학 반응에 의한 것이며,
음식이 상하는 것도 화학 반응입니다.

1

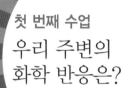

첫 번째 수업

우리 주변의
화학 반응은?

아레니우스가 반갑게 인사하며
첫 번째 수업을 시작했다.

오늘 수업 전에 무슨 음식을 먹고 왔나요?

__ 멸치볶음, 생선조림, 김치…….

__ 사과, 우유, 바나나…….

아레니우스의 느닷없는 질문에 학생들은 당황했다.

모두 새로 만든 반찬이었나요?

__ 아뇨, 새로운 반찬도 있었지만, 냉장고에 보관했던 반찬
들도 있었어요.

왜 음식물을 냉장고에 보관할까요?

＿상하지 않게 하려고요.

음식물을 냉장고에 보관하면 언제까지라도 상하지 않나요?

＿냉장고에서도 시간이 오래 지나면 상해요. 곰팡이가 핀 것을 본 적이 있어요.

아하, 냉장고에서도 음식이 상하는군요. 그런데도 냉장고에 보관하는 이유는 뭘까요?

아레니우스의 질문에 학생들은 여러 가지 생각을 했다.

　　＿그냥……, 어머니께서는 남은 음식을 모두 냉장고에 넣으시던데요.

　　＿하하하.

학생들은 웃으면서 많은 생각을 했다. 보관할 곳이 마땅히 냉장고뿐이라는 생각도 들었지만 다른 이유가 있을 것이라는 생각도 들었다. 어릴 적부터 남은 음식물은 냉장고에 보관하는 것을 보아 왔다. 학생들이 여러 가지 생각을 하는 가운데 영빈이가 대답을 했다.

　　＿음식물이 상하는 것을 늦추려고요.

오호, 냉장고에서도 음식물은 상하지만, 상할 때까지 걸리는 시간을 지연시킨다는 말이군요. 아주 잘 생각했어요.

아레니우스는 호기심에 찬 학생들을 보며 다른 질문을 했다.

사과나 배 같은 과일을 먹던 때를 생각해 보세요. 과일을 껍질째 먹었나요?
　아니요, 껍질을 깎아 먹었어요.
깎아 놓은 과일이 시간이 지나면서 어떻게 되는지 보았나요?
　색깔이 갈색으로 변하는 것을 보았어요.

대답을 한 학생들은 의아했다. 새삼스레 껍질을 깎아 놓은 사과가 왜 갈색으로 변하는지 궁금해졌다.

물질이 다른 물질로 변화하는 현상 ― 화학 반응

우리는 음식을 조리할 때나 음식이 상할 때에 음식의 변화 과정을 볼 수 있습니다. 이렇게 어떤 물질이 다른 물질과의 상호 작용에 의해 새로운 물질로 변화하는 현상을 화학 반응이라 하지요. 음식이 조리되는 과정이나 사과가 갈색으로 변하는 과정뿐만 아니라 어머니께서 미용실에서 파마를 하시는 것도, 벌레에 물려 약을 바르는 것도 이러한 화학 반응을 이용하는 것입니다.

화학 반응은 우리 생활 곳곳에서 널리 이용되고 있습니다. 우리 생활 속에서 발견할 수 있는 화학 반응을 이야기해 볼까요?

학생들은 대답을 하지 못했다. 아레니우스는 껄껄 웃으며 크기와 색깔이 다른 빨간색과 파란색의 구슬 모형을 가져왔다.

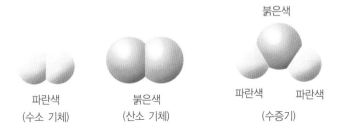

파란색
(수소 기체)

붉은색
(산소 기체)

붉은색

파란색　　파란색
(수증기)

물질은 무엇으로 이루어져 있지요?

__ 원자요.

원자는 물질을 구성하는 기본 입자입니다. 원자의 크기는 너무 작아서 실제로 관찰하며 공부하기가 어렵기 때문에 이렇게 모형을 사용하면 우리가 쉽게 이해할 수 있지요.

자, 그럼 빨간 구슬과 파란 구슬은 같은 원자라고 할 수 있을까요?

__아니요, 빨간 구슬과 파란 구슬은 크기와 색깔이 서로 다르니까 다른 원자예요.

예, 아주 잘 생각했어요. 그럼 빨간 구슬은 산소 원자라고 하고, 파란 구슬은 수소 원자라고 생각합시다. 빨간 구슬 2개가 붙으면 산소 원자 2개가 결합한 것이므로 산소 기체가 되고, 파란 구슬 2개가 붙으면 수소 기체가 됩니다.

산소 기체와 수소 기체는 몇 개의 원자가 결합하여 물질의 성질을 지니게 된 분자라는 입자입니다. 이렇게 물질은 원자를 기본으로 하여 다양하게 결합하면서 분자를 이루고 있습니다. 분자는 구성 원자와는 다른 성질을 갖는 입자입니다.

그럼, 산소 기체와 수소 기체는 언제까지나 이 결합을 이루고 있을까요?

__아니요, 수소 기체와 산소 기체가 만나면 수증기가 되잖아요.

수증기는 수소 원자 2개와 산소 원자 1개가 결합한 거예요. 수소 기체와 산소 기체가 만나서 수증기가 되면서 무엇이 변화했지요?

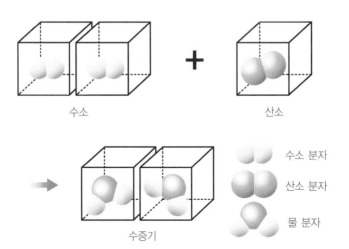

수소   산소

수소 분자

산소 분자

물 분자

수증기

__ 원자들의 결합이 변했어요.

빨간 구슬과 파란 구슬의 모양이나 색이 변화했나요?

__ 아니요.

이렇게 원자의 종류와 개수는 변하지 않으나, 이들이 재배
열됨으로써 다른 물질로 되는 것을 화학 반응이라고 합니다.
화학 반응을 통해 반응 전과 전혀 다른 새로운 물질이 만들어
지는 것이지요.

반응물과 생성물

반응하기 전의 물질을 반응물이라고 하고, 반응을 통해 새롭게 생성된 물질을 생성물이라고 합니다. 빨간 구슬 2개와 파란 구슬 2개로 이루어진 산소 기체와 수소 기체는 반응물이고, 수증기는 생성물이지요.

빨간 구슬과 파란 구슬은 같은 원자인가요?

__아니요, 다른 원자예요.

빨간 구슬 2개가 결합한 물질과 파란 구슬 2개가 결합한 물질을 각각 무엇이라 하지요?

__산소 기체 분자와 수소 기체 분자요.

수소 기체 분자와 산소 기체 분자가 만나서 수증기 분자가 되는데, 이때 수소 기체와 산소 기체를 무엇이라 한다고요?

__반응하기 전의 물질이니까 반응물이라고 해요.

그럼 새롭게 만들어진 수증기는요?

__생성물이요.

반응물과 생성물은 같은 원자들로 이루어져 있으니까 같은 종류의 물질인가요?

__원자들이 결합된 배열 상태가 달라졌기 때문에 반응물과 생성물은 서로 다른 물질이에요.

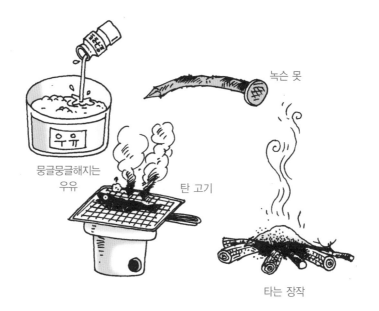

녹슨 못

뭉글뭉글해지는
우유

탄 고기

타는 장작

이렇게 원자 자체는 변하지 않으나, 원자들의 배열 상태가 변화하여 다른 물질이 되는 것을 무엇이라고 하지요?

＿화학 반응이요.

그럼 우리 주변에서 찾아볼 수 있는 화학 반응의 예로는 어떤 것이 있을까요?

＿우유에 요구르트를 넣으면 우유가 뭉글뭉글해지는 것을 볼 수 있어요.

＿짙은 회색 못이 오랜 시간이 지나면 붉은색으로 녹슬어요.

＿고기를 구울 때, 붉은 고기가 타 버리면 검은 숯처럼 돼

요.

 __ 나무를 태우면 재가 돼요.

아레니우스의 질문에 대답을 하는 학생들은 신이 났다. 수업을 시
작하며 의아했던 질문들이 하나씩 풀렸기 때문이다. 이때 한 학생
이 질문을 했다.

빠른 반응과 느린 반응

 __ 아까요, 음식이 상하는 것도 음식의 성질이 변화하는 것
이니까 화학 반응이라고 하신 것은 이해할 수 있는데요, 음식

을 냉장고에 넣으면 왜 화학 반응이 천천히 일어나는 거지요?

화학 반응의 속도는 항상 같은 것이 아니지요. 빠른 화학 반응도 있고 느린 화학 반응도 있습니다. 또 같은 화학 반응이라고 해도 반응의 조건을 달리하면 반응 속도는 달라집니다.

냉장고에 음식을 넣거나, 넣지 않거나 시간이 흐르면 음식은 상하게 됩니다. 그러나 음식이 좀 천천히 상해야 낭비도 줄이고 우리의 생활도 편하게 되지요. 우유를 식탁 위에 놓아두는 것과 냉장고에 넣어 두는 것은 무슨 차이가 있는 것일까요?

__ 냉장고가 시원해요.

__보관하는 공간의 온도가 달라요.

허허, 온도가 낮아지면 반응 속도는 느려진다는 것을 벌써 알아 버렸군요. 훌륭해요.

우리가 이번에 학습하게 될 주제가 바로 화학 반응의 속도입니다. 우리는 같은 화학 반응이라고 해도 온도에 의해서 반응 속도가 조절될 수 있다는 것을 이미 알았습니다. 그런데 반응 속도를 조절하는 요인으로는 온도 외에도 여러 가지가 있지요. 앞으로 다른 요인에 대해서도 자세히 공부할 것입니다.

잠깐! 내가 이 빵으로 화학 반응이 뭔지 보여 줄까?

화학 반응?

잘 봐! 내가 이 빵을 먹으면 뱃속에서 화학 반응이 일어나!

앗, 자…잠깐! 다 먹어 버리면 어떡해?

뭐야?!! 화학 반응을 보여 준다면서 왜 남의 빵을 먹어 버리는 거야?

이게 화학 반응이야.

치~잇, 너무해!

하하, 철수 군의 방법이 짓궂긴 해도 틀린 말은 아니랍니다.

거 봐!

화학 반응은 우리 주변에서도 흔히 볼 수 있어요. 음식물이 상하거나 깎아 놓은 사과의 색깔이 변하는 등 어떤 물질이 다른 물질과의 상호 작용에 의해 새로운 물질로 변화하는 현상을 화학 반응이라 하지요.

그렇군요.

물론 어머니께서 미용실에서 파마를 하시는 것도, 벌레에 물려 약을 바르는 것도 화학 반응을 이용하는 것입니다. 이처럼 화학 반응은 우리 생활 곳곳에서 널리 이용되고 있습니다.

2

반응 물질들이 **만나야** **화학 반응**이 일어난다

화학 반응이 일어나려면 일단 반응 물질들끼리 만나야 됩니다.
반응 물질들이 만나는 것을 충돌이라 하는데, 충돌이 일어날 수 있는 조건이
형성되어야 화학 반응이 일어나는 것이지요.

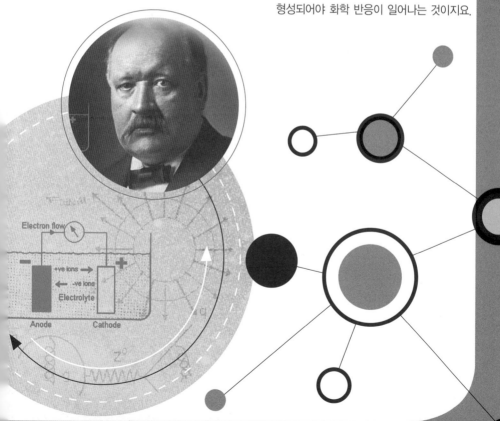

2

두 번째 수업

반응 물질들이 만나야
화학 반응이 일어난다

아레니우스가 구슬을 가지고 와서
두 번째 수업을 시작했다.

아레니우스는 많은 구슬을 가지고 왔다. 학생들은 알록달록한 구슬을 보자 기분이 좋아졌다. 오늘 수업 시간엔 구슬치기를 할 것으로 생각했던 것이다.

여기에 구슬들이 있습니다.

— 선생님, 구슬치기하나요?

하하, 여러분은 참 생각이 빠르군요. 오늘은 구슬치기를 할 것입니다. 우리 책상을 모두 한 곳으로 밀고 바닥에서 구슬치기를 하기로 해요.

아레니우스도 기분 좋게 껄껄 웃었다. 신이 난 학생들은 책상을 뒤로 밀고, 교실 바닥에 둥글게 앉았다. 아레니우스는 빨간 구슬 6개를 한편에 앉아 있는 학생들에게 나눠 주었다. 빨간 구슬을 집어 든 학생들이 구슬을 갖지 못한 학생들에게 자랑이라도 하듯이 구슬을 위로 치켜들었다.

__ 선생님, 저희도요.
__ 저희도 주세요.

잠시만 기다리세요. 먼저 빨간 구슬을 경주시켜 보기로 하지요. 빨간 구슬을 가진 학생들은 반대편을 향해서 힘껏 밀어 보세요.

반응물이 생성물로 되려면 — 일단 반응물끼리 충돌

학생들은 왁자지껄 떠들면서 구슬을 밀었다. 그런데 반대편 친구들에게까지 가는 구슬도 있고, 중간까지도 못 가는 구슬도 있었다. 시끌시끌하던 학생들의 눈은 아레니우스를 향했다. 경주를 시킨 아레니우스의 생각이 궁금해졌기 때문이다.

　첫 시간에 우리는 빨간 구슬을 산소 원자라고 하고, 파란 구슬을 수소 원자라고 했지요? 빨간 구슬 2개가 산소 기체이고, 파란 구슬 2개가 수소 기체이고요. 이 빨간 구슬 1개와 파란 구슬 2개가 만나 수증기가 되는 과정을 알아보았습니다.

　그런데, 오늘 이 시간에는 이해를 좀 쉽게 하기 위해서 이 빨간 구슬 한 개 한 개를 산소 기체라고 생각해 봅시다. 산소 기체인 이 빨간 구슬은 수증기가 되고 싶어 한답니다. 이 빨간 구슬은 혼자 열심히 돌아다니다 보면 언젠가는 수증기가 될 수 있을까요?

__ 빨간 구슬 혼자로는 아무리 열심히 돌아다녀도 수증기가 될 수 없어요. 수증기가 되려면 수소 기체가 필요하니까요.

__ 수소 기체와 산소 기체가 반응해야 수증기가 되지요.

아레니우스는 빨간 구슬을 처음에 나눠 주었던 학생들에게 다시 돌려주었다. 그러고는 그 반대편의 학생들에게 파란 구슬을 나눠 주었다.

이 파란 구슬 역시 1개를 수소 기체라고 생각해 볼까요? 이제 서로 반대편에서 각자가 가진 구슬을 경주시켜 보세요.

구슬들은 운동을 시작했다. 처음과 마찬가지로 직선으로 운동해 나가는 구슬도 있었고, 중간 정도까지만 운동하는 구슬도 있었다. 어떤 빨간 구슬과 파란 구슬은 충돌하여 함께 움직이기도 하였다. 학생들은 다양하게 움직이는 구슬들을 관찰하느라 즐거웠다.

자, 이제 수증기가 된 빨간 구슬이 있나요?

__ 빨간 구슬과 파란 구슬이 충돌했을 때 수소 기체와 산소 기체가 만나서 수증기가 된 경우도 있어요.

하지만 아무리 빨간 구슬이 수증기가 되고 싶어서 열심히 혼자 돌아다녀도, 또 파란 구슬이 혼자 돌아다녀도 수증기가

충돌한 구슬

될 수는 없지요. 지금 본 것과 같이 빨간 구슬과 파란 구슬이 충돌하여야만 수증기가 될 수 있어요.

우리가 반응이 일어나기 전의 물질과 반응 후의 물질을 뭐라 했지요?

＿ 반응물과 생성물이요.

화학 반응을 통해 생성물이 되려면 어떤 일이 벌어져야 했나요?

＿ 반응물끼리 충돌해야 돼요.

이제 다른 예를 들어 보기로 하지요. 질소 기체와 산소 기체가 반응하여 일산화질소 기체가 생성되는 경우입니다.

질소의 원소 기호는 N이고, 산소의 원소 기호는 O이지요.

질소 기체는 질소 원자 2개로 이루어져 있으므로 화학식으로 N_2로 표현하고, 산소 기체도 산소 원자 2개로 이루어져 있으므로 O_2로 표현합니다. N_2와 O_2가 충돌하면 일산화질소인 NO가 생성되는 것이지요.

반응물들은 일단 서로 만나야만 반응이 이루어집니다. 충돌하지 않으면 생성물은 만들어지지 않지요.

그럼 이번에는 올록볼록한 판 위에서 구슬을 충돌시켜 볼까요?

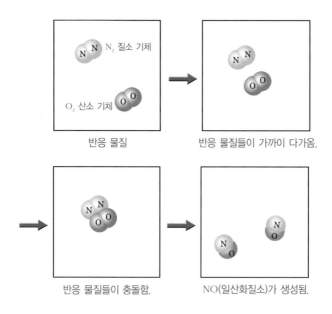

반응 물질

반응 물질들이 가까이 다가옴.

반응 물질들이 충돌함.

NO(일산화질소)가 생성됨.

충돌의 조건 1 ─ 일정 한계 이상의 에너지 필요

아레니우스는 올록볼록한 커다란 판을 가져왔다. 그 판은 둥그렇게
둘러앉은 학생들의 중앙에 놓여졌다. 학생들은 의아했다.

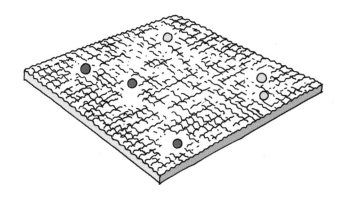

자, 이제 올록볼록한 판 위에서 구슬들을 경주시켜 볼까요?

학생들은 처음과 같은 힘으로 각각의 구슬을 밀었다. 그러나 구슬
들은 조금 전에 보았던 마룻바닥에서의 움직임과는 다르게 힘없이
굴러갔다.

수증기가 된 구슬이 있나요?
__ 아니요, 구슬들이 서로 충돌하지 못했어요.

__충돌하지 못했으니까 수증기가 되지 못했어요.

　　그럼 충돌시키기 위해서 다시 밀어 보기로 하지요. 각자의 구슬을 가져오세요.

　　하나, 둘, 셋.

　　아레니우스의 구령에 따라 학생들은 구슬을 밀었다. 충돌한 경우도 있었으나 이번에도 대부분은 충돌할 만큼 올록볼록한 판을 넘어가지 못했다.

　　어떤 경우에 충돌할 수 있었나요?

　　__그냥 힘껏 밀면 되지요.

　　__충돌하게 하려면 구슬의 속도가 빨라야 해요.

　　__구슬이 가진 에너지가 일정 한계 이상이어야 해요.

　　충돌하기 위해서는 구슬이 가진 에너지가 일정 한계 이상이어야 하기 때문에 구슬의 속도가 충분히 빨라야 충돌 가능성이 높아지지요. 자, 그럼 다시 구슬을 집어 오고 여러분의 의견대로 다시 충돌시켜 보기로 하지요.

　　하나, 둘, 셋.

　　학생들은 조금 전에 밀었던 속력보다 더 빠르게 구슬들이 움직이도록 힘껏 밀었다. 하지만 결과는 생각과 달랐다. 조금 전의 결과와 마찬가지로 충돌한 경우도 있었지만, 대부분은 충돌없이 반대편 친구들의 자리까지 그대로 굴러갔다. 학생들은 눈이 휘둥그레졌다.

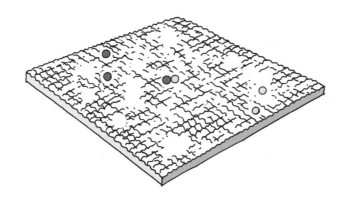

충돌의 조건 2— 적합한 방향으로의 충돌

구슬의 속도가 빨라지도록 힘껏 밀었는데도 충돌은 여전히 잘 일어나지 않는군요. 어떻게 하면 구슬들을 충돌시킬 수 있을까요?

잠시 학생들은 골똘히 생각했다. 일정 한계 이상의 에너지를 가해 주어도 구슬은 충돌하지 않을 수 있다. 그럼 충돌하기 위해서는 또 다른 조건이 필요하다는 것이다. 과연 무엇일까?

__ 충돌 방향이 적합해야 해요.

그래요, 제대로 충돌하기 위해서는 반응물들이 가진 에너지도 충분해야 하지만 충돌 방향도 적합해야 하지요. 빨간 구슬과 파란 구슬을 섞어 놓았다고 모두 충돌이 이루어지는 것은 아닙니다.

빨간 구슬끼리의 충돌이나 파란 구슬끼리의 충돌은 생성물을 만들지 못합니다. 빨간 구슬과 파란 구슬이 충돌하여도 서로 스쳐 지나갈 수 있습니다. 서로 적합한 방향으로 충돌하여야만 생성물을 만들 수 있는 것이지요.

예를 들어, 일산화탄소(CO)와 이산화질소(NO_2)가 반응하여 일산화질소(NO)와 이산화탄소(CO_2)가 생성되는 반응을 생각해 봅시다. 이산화질소에 붙어 있는 산소 원자 1개가 떨어져서 일산화탄소 쪽으로 붙으면 반응이 일어나는 것이지요.

$$CO + NO_2 \rightarrow NO + CO_2$$

일산화탄소에 붙어 있는 탄소 원자가 이산화질소 쪽으로 다가옵니다. 그런데 이산화질소의 질소 원자와 충돌하면 생성물은 만들어지지 않지요. 이산화질소의 산소 방향으로 충돌해야만 반응이 일어나는 것이지요.

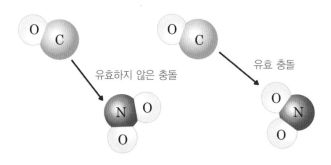

NO$_2$와 CO의 충돌 방향

유효 충돌

이제 생성물이 만들어지기 위한 조건이 정리가 되었나요?

＿ 생성물이 되려면 일단 반응물끼리 충돌해야 해요.

＿ 충돌이 이루어지려면 반응 입자들이 가진 에너지가 일정 한계 이상이어야 하기 때문에 입자들의 속도가 빨라야 해요.

＿ 충돌의 방향이 적합해야 해요.

잘 이해했군요. 이렇게 반응이 일어날 수 있는 충돌을 유효 충돌이라고 해요. 충돌의 조건을 만족시켜서 생성물을 생성할 수 있는 충돌이지요.

다른 예를 들어 오늘 수업을 정리해 볼까요?

수많은 사람들 중에 어머니와 아버지가 만나서 결혼을 하신 경우를 생각해 봅시다. 어머니를 빨간 구슬이라고 생각하고, 아버지를 파란 구슬이라고 생각해 보는 것이지요.

처음에 어머니는 어머니의 친구들과 어울리셨을 것이고, 아버지는 아버지의 친구들과 어울리셨을 것입니다(빨간 구슬끼리, 파란 구슬끼리 모여 있는 경우이지요).

그런데 어머니와 아버지의 친구들이 함께 모임을 갖게 되었습니다(빨간 구슬과 파란 구슬이 한 곳에 모이게 되었네요).

어머니와 아버지께서는 여러 차례 모임을 통해 만나셨을 테지요. 빨간 구슬과 파란 구슬이 충돌하여도 생성물을 만들지 못하고 스쳐 지나가게 된 것이네요.

본체만체하시며 모임에서 만나시다가 서로가 마음에 들게 되었습니다. 서로의 마음속에 있는 사랑이라는 에너지가 커진 것이지요(반응 입자들의 에너지가 일정 한계 이상이 되었네요).

이제 두 분은 모임에서뿐만 아니라 두 분만 따로 만나는 시간도 갖게 되었습니다(반응에 적합한 방향으로 충돌이 이루어진 거군요).

결국 결혼도 하셨습니다(충돌의 결과물, 즉 생성물을 얻게 되었군요).

잘 이해가 되었나요?

화학 반응이 일어나려면 일단 반응물은 서로 충돌해야 합니다. 그런데 그 충돌은 에너지도 충분해야 하고, 충돌 방향도 적합해야 한다는 것이지요.

선생님, 화학 반응은 우리 주변에서 많이 일어나고 있다고 하셨잖아요. 그럼 화학 반응은 언제 일어나는 건가요?

그게 궁금한가요? 자, 여기 블록들이 있어요.

그리고 여기 파란 블록들도 있지요. 여기서 이 빨간 블록을 산소 원자라 하고, 파란 블록을 수소 원자라 합시다. 이때 수증기는 어떻게 만들어질까요?

산소 원자 하나와 수소 원자 두 개가 결합해서 만들어지죠.

$O + \begin{matrix} H \\ H \end{matrix} = \begin{matrix} H O H \end{matrix}$ 수증기

이 손에는 산소 원자들이 모여 있으니 산소 기체가 되겠죠. 그런데 이 산소 기체가 사방으로 아무리 돌아다녀도 절대 수증기가 될 수 없을 거예요. 왜 그럴까요?

그야 당연히 수소 기체를 만나지 못하니까 그렇죠.

맞아요. 이렇게 산소 기체와 수소 기체가 만나지 않는 한 수증기는 만들어지지 않을 거예요.

아~, 알겠어요! 화학 반응이 일어나려면 물질들이 만나야겠군요.

바로 그겁니다. 이때 반응이 일어나기 전의 물질을 반응물, 반응 후의 물질을 생성물이라고 해요. 즉, 화학 반응을 통해 생성물이 만들어지려면 반응물끼리 만나야 하는 것이죠.

반응물 + 반응물 → 생성물
화학 반응

반응물이 생성물로 되려면 일단 반응물끼리의 충돌이 있어야 하는 것이군요?

생성물

네, 맞았어요.

반응이 일어나기 위해서는 활성화 에너지가 필수

수소 기체와 산소 기체가 혼합된 상태에서 수증기가 생성되기 위해서는 에너지가 필요합니다. 화학 반응이 일어나는 데 필요한 최소한의 에너지가 활성화 에너지이지요.

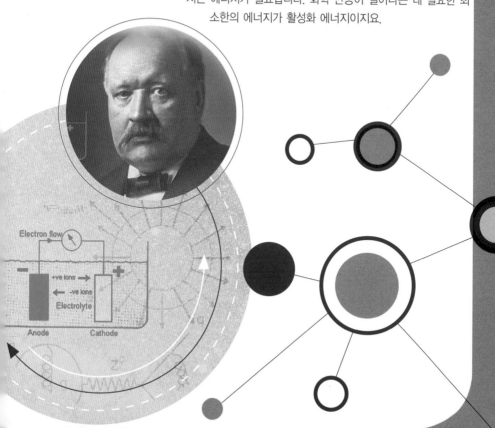

세 번째 수업

반응이
일어나기 위해서는
활성화 에너지가 필수

운동복 차림의 아레니우스가
세 번째 수업을 시작했다.

하늘이 높고 푸른 날이다. 교실에 모여든 학생들은 반갑게 인사를 하며 서로 이야기를 나누었다. 학생들은 열심히 공부하는 것도 좋지만 이런 날에는 교실 밖으로 나가서 놀고 싶었다.

참 좋은 날씨군요. 공부할 준비는 모두 되었나요?
__선생님, 오늘은 밖에 나가서 공부해요.
그러지요. 오늘은 운동장에 나가서 수업할까요?

학생들은 눈이 휘둥그레졌다. 밖으로 나가서 수업하자는 말을 이렇

게 쉽게 들어주시는 선생님이 오히려 당황스럽긴 했지만 더없이 즐
거웠다.

아레니우스는 미끄럼틀 앞에서 한 가지 제안을 하였다.

미끄럼틀 타기 놀이를 할까요? 미끄럼을 타기 전에 남학생 2
명이 짝이 되고, 여학생 2명이 짝이 되는 놀이를 먼저 하지요.

남학생은 수소 원자라고 생각하고, 여학생은 산소 원자라
고 생각해 봅시다. 그럼 남학생 2명이 손을 잡고 있으면 뭐가
되는 것이지요?

＿ 수소 기체요.

여학생 2명이 손을 잡고 있으면요?

＿ 산소 기체요.

미끄럼틀을 타고 내려오면 수증기가 되려고 하는데, 어떻게 손을 잡아야 하지요?

＿ 여학생이 양손으로 남학생 2명을 잡고 있으면 되지요.

예, 잘 생각했군요. 자, 이제 둘씩 손을 잡고 미끄럼틀 위로 올라가 봅시다.

반응물의 결합이 끊어져야 새로운 물질 생성

학생들은 둘씩 짝을 지어 줄을 서서 미끄럼틀 위로 올라갔다. 그런데 미끄럼틀 계단은 너무 좁아서 손을 잡고 끝까지 올라가기가 힘들었다. 모두가 미끄럼틀 위로 올라갈 때는 자신들도 모르게 잡은

손을 놓고 있었다.

학생들은 남학생 2명과 여학생 1명이 모둠을 이룰 수 있도록 순서를 정하며 미끄럼틀을 타고 내려왔다. 차례로 미끄럼틀을 타고 내려오자마자 여학생이 양손으로 남학생 2명을 잡았다. 미끄럼틀 위에는 모둠을 이루지 못한 여학생 친구가 내려오지 못하고 있었다.

저런, 미끄럼틀을 타지 못하는 친구가 있네요. 왜 내려오지 않는 것이지요?

＿수증기가 되려면 수소와 만나야 하는데 수소 역할을 하는 남학생들이 없어서 그래요.

남학생 2명과 여학생 1명이 하나의 모둠을 이루어야 하므로 모둠에 속하지 못한 여학생이 내려오지 못하고 있는 것이다.

저런, 그럼 내려온 학생들은 수증기가 되었나요?

— 예!

— 선생님, 이제 미끄럼틀 타기 놀이를 왜 했는지 알려 주셔야지요.

— 맞아요, 선생님께서 괜히 미끄럼틀을 타고 수증기가 되어 내려오는 놀이를 하자고 한 것은 아니시지요?

허허, 이제 놀이도 공부 시간이라는 것을 알아차려 버렸군요. 네, 맞습니다. 오늘 공부할 주제가 바로 이 놀이 안에 담겨져 있지요.

여러분이 수소 기체와 산소 기체 상태로 있을 때는 남학생 둘과 여학생 둘이 짝을 이루고 있었지요. 하지만 미끄럼틀을 타기 위해서 계단 위로 올라갈 때는 잡은 손을 여러분도 모르게 놓고 있었습니다. 왜 그럴까요?

— 음……, 미끄럼틀 계단이 좁은 이유도 있었지만, 미끄럼틀을 타고 내려오면 수증기가 되어야 하잖아요. 수증기 모양으로 바꿔야 되니까…….

학생들은 쉽게 설명을 하지 못했다.

수소 기체는 수소 원자 2개의 결합으로 이루어져 있습니다. 산소 기체는 산소 원자 2개의 결합으로 이루어져 있지요. 여러분이 이미 잘 알고 있는 내용이죠? 이 2가지 분자가 수증기가 되려면 산소 원자 1개에 수소 원자 2개가 양쪽으로 붙는 결합이 되어야 합니다. 새로운 결합을 이루어야 하니까 수소 기체의 '수소-수소' 결합과 산소 기체의 '산소-산소' 결합은 끊어져야 하는 것이지요.

그런데 이 결합을 끊으려면 에너지가 필요합니다. 결합을 끊을 만큼 에너지가 충분히 가해져야 반응이 일어나게 되는 것이지요.

__그럼 미끄럼틀 위로 올라간 만큼 에너지가 가해져서 우리가 둘씩 잡은 손을 놓은 거군요. 결합이 끊겨서요.

__그리고 혼자가 되면, 즉 원자 상태가 되면 새로운 결합을 이룰 준비가 된 것이니까 미끄럼틀을 타고 내려오면서 수증기가 될 수 있었던 거군요.

__그럼, 저기 아직 미끄럼틀 위에서 내려오지 못한 친구는 아직 산소 원자 상태인 것이네요.

__그렇다면 화학 반응이 일어나기 위해서는 반응물의 결

합을 끊을 만큼의 에너지가 필요하다는 말씀인가요?

예, 그렇지요. 수소 기체와 산소 기체가 만나서 수증기가 될 때에는 이들의 결합을 끊을 수 있는 에너지를 가해 주어야 새로운 결합을 형성할 수 있습니다.

반응이 일어나는 데 필요한 최소한의 에너지 —활성화 에너지

영빈이와 상민이가 각각 산 너머 물 마을과 과산화수소 마을까지 가야 하는 경우를 생각해 봅시다. 영빈이와 상민이가 산길을 잘 알고 있으면 좋으련만 걱정스럽게도 처음 찾아가는 길이라서 산을 넘기가 조심스럽습니다. 둘은 곰곰이 생각했습니다. 어떻게 하면 산 너머 목적지까지 잘 찾아갈 수 있을까요?

여러분이라면 어떻게 하겠어요?

— ······.

그럼 영빈이와 상민이가 길을 찾아가야 하니까 여러분의 의견을 말해 볼래요?

__제 생각에는 마을의 방향을 알 수 없으니까 아주 높은

곳에서 내려다봐야 할 것 같아요. 헬리콥터에서 내려다보는 것처럼 말이지요.

　ㅡ그 마을의 인공위성 사진이 있으면 좋겠지만 그 방법도 사용하면 안 되는 거죠? 그럼 위에서 내려다보면서 길의 방향을 찾는 경우는 한 가지뿐인 것 같은데요? 일단 산 위에 올라가야 되는 거죠. 그래야 길을 찾을 수 있어요.

　예, 훌륭합니다. 일단 산 위에서 물 마을과 과산화수소 마을이 어디쯤에 있는지 확인하고 내려가야 길을 잃지 않고 목적지에 이를 수 있을 것입니다. 그런데 산의 높이가 다르지요? 그렇다면 산까지 올라가는 데 필요한 에너지도 다르겠군요. 높은 산일수록 위치 에너지가 커지니까요.

　이렇게 화학 반응이 일어나기 위해서는 에너지가 필요해

요. 그런데 반응이 일어날 수 있도록 최소한 가해 주어야 하는 에너지가 있는데, 이 에너지를 활성화 에너지라고 합니다.

다음 그래프를 볼까요?

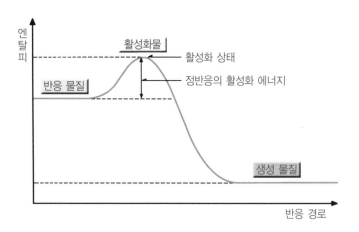

반응물들이 필요한 활성화 에너지만큼 에너지를 갖게 되면 활성화물 상태가 되고, 이때 미끄럼틀을 타고 내려오듯 반응이 진행됩니다.

__아하, 생성물이 되는 길을 빨리 찾아 반응이 이루어지려면, 산마루에 올라가는 만큼의 활성화 에너지가 필요하네요.

__그럼, 영빈이와 상민이가 올라가야 하는 산의 높이가 바로 활성화 에너지인 거군요.

__활성화 에너지도 반응에 따라 그 크기가 다르다는 말씀

을 해 주시려는 것이지요? 반응마다 산의 높이가 다르고, 따라서 활성화 에너지도 다르니까요.

학생들은 점점 더 흥미가 생겼다.

과학자의 비밀노트

결합 에너지(bond energy)

여러 개의 구성 입자가 결합하여 만들어진 분자의 결합을 끊어 구성 입자로 분리하는 데 필요한 에너지이다. 값이 클수록 결합한 정도가 강하다고 볼 수 있다. 결합 에너지는 크게 여러 원자가 결합하여 분자를 만들었을 때와, 여러 핵자가 결합하여 원자핵을 만들었을 때로 나눌 수 있는데, 여기서 말하는 결합 에너지는 분자 내 원자 사이의 결합 에너지를 의미한다. 즉, 물질의 분자 또는 결정이 여러 원자의 화학 결합으로 이루어졌을 때, 이들 원자 사이의 화학 결합에 소요된 에너지를 말한다. 예를 들면, CH_4은 4개의 C-H 결합을 가지고 있는 화합물인데, 이것을 완전히 탄소 원자와 수소 원자로 분리시키는 데 필요한 에너지는 1몰당 395kcal이다. 따라서 1개의 C-H결합의 결합 에너지는 1몰당 98.75 kcal가 된다.

앗, 잠깐만요. 선생님 말씀대로라면 이 공기 중에 산소 기체와 수소 기체가 계속 만나고 있는데, 왜 수증기가 되지 않는 거죠?

앗, 깜짝이야!

하하…, 좋은 질문이군요. 다시 이 블록들을 보도록 하죠.

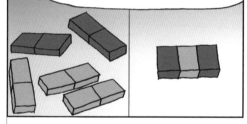

보통 수소 기체는 수소 원자 두 개, 산소 기체는 산소 원자 두 개의 결합으로 이루어져 있지요. 하지만 이 두 가지 분자가 수증기가 되려면 산소 원자 한 개에 수소 원자 두 개가 양쪽으로 붙는 결합이 되어야 합니다.

즉, 새로운 결합을 이뤄야 하니까 수소 기체의 수소–수소 결합과 산소 기체의 산소–산소 결합은 끊어져야 하는 것이지요.

그런데 이 결합을 끊으려면 에너지가 필요합니다. 결합을 끊을 만큼 에너지가 충분히 가해져야 반응이 일어나는 것이지요.

아~, 그래서 반응이 아무 때나 일어나지 않는 것이군요.

이렇게 화학 반응이 일어나기 위해서는 에너지가 필요하지요. 그리고 반응이 일어날 수 있도록 최소한 가해 주어야 하는 에너지를 활성화 에너지라고 하죠.

반응을 위해선 활성화 에너지가 꼭 있어야 하는 것이군요.

4

빠른 반응과 느린 반응

연소와 같이 눈으로 확인할 수 있는 반응을 빠른 반응이라 하고,
못에 녹이 스는 것처럼 눈으로 바로 관찰할 수 없고 오랜 시간이 흐른 후
변화를 비교할 수 있는 것을 느린 반응이라 합니다.

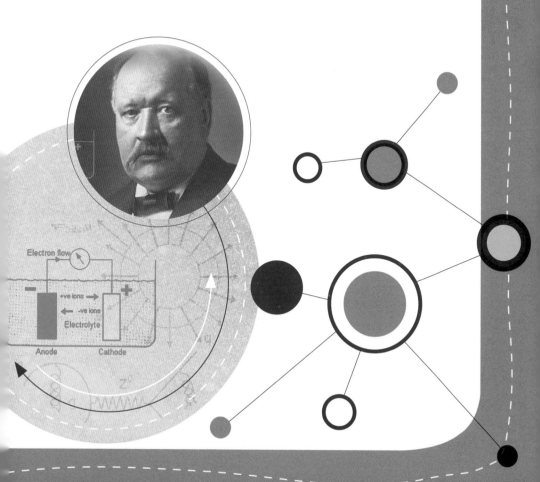

4

빠른 반응과 느린 반응

아레니우스가 반응 속도에 대하여
네 번째 수업을 시작했다.

아레니우스를 기다리면서 학생들은 지난 수업 시간에 배운 활성화 에너지에 대한 이야기를 나눴다. 아레니우스가 들어왔다. 선생님께 인사를 하자마자 영빈이가 손을 들었다.

__활성화 에너지가 큰 반응도 있고 작은 반응도 있다고 하셨잖아요. 활성화 에너지가 크면 반응이 일어나기 어려운 것인가요? 그럼 반응이 빠른 경우도 있고 느린 경우도 있나요?

허허, 여러분은 궁금한 것이 많아서 참 좋습니다. 오늘은 여러분이 궁금해하는 내용을 공부하려고 해요. 집중해서 잘 생각해 봅시다.

느린 반응

우리가 지난 시간에 예로 들었던 반응이 무엇이었지요?

__수소 기체와 산소 기체가 반응해서 수증기가 되는 반응이요.

이 반응이 이루어지기 위해 왜 에너지가 필요했나요?

__화학 반응이 일어나려면 반응 물질의 결합은 끊어지고 새로운 결합이 생성되어야 하니까요. 우선 수소−수소 결합과 산소−산소 결합을 끊어야 하지요.

__결합을 끊기 위해서 에너지가 필요한 것이지요.

이렇게 결합의 재배열이 일어나기 위해서는 에너지가 많이 필요하지요. 에너지를 많이 써야 반응이 진행되니까 반응이 일어나기가 쉽지 않아요.

높은 산을 오르는 경우와 낮은 산을 오르는 경우, 어느 쪽이 목적지까지 도달하기가 더 쉽나요?

__당연히 낮은 산을 오르는 것이 쉽지요.

그러니까 반응이 일어나기 위해서 에너지를 많이 써야 하

는 경우가 반응 속도도 느리다는 것이군요?

그렇습니다. 일반적으로 반응물의 결합을 끊어야 하는 경우, 즉 원자들의 결합이 재배열되는 경우에 에너지가 많이 필요할 수록 반응 속도도 느려집니다.

반응 속도가 느린 경우에는 우리가 반응 진행 과정과 생성

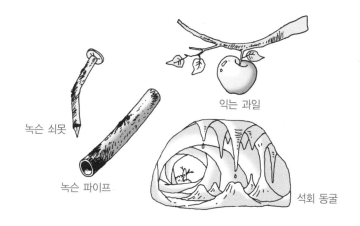

녹슨 쇠못

녹슨 파이프

익는 과일

석회 동굴

물을 바로 눈으로 확인할 수가 없습니다. 예를 들어 볼까요?

＿쇠못이 녹스는 경우요.

＿과일이 익는 반응이요.

예, 잘 대답했습니다. 그럼 **빠른 반응**은 어떤 경우일까요?

빠른 반응

느린 반응은 우리 눈으로 바로 결과를 확인할 수 없으니까, 반대로 **빠른 반응**은 생성물을 바로 확인할 수 있겠네요?

아레니우스는 미소를 지으며 2가지 액체가 담긴 플라스크를 가지고 왔다.

여기 한 플라스크에는 질산은 수용액이 담겨 있고, 한 플라스크에는 염화나트륨 수용액이 담겨 있습니다. 염화나트륨 수용액을 질산은 수용액이 담긴 플라스크에 넣어 볼까요?

아레니우스가 두 용액을 혼합하자 학생들의 눈이 동그랗게 커지면서 작은 탄성이 나왔다.

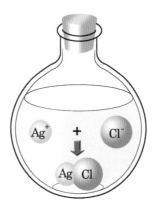

$$Ag^+(aq) + Cl^-(aq) \rightarrow AgCl(s)$$

이온 사이의 반응은 빠르다.

__ 우아! 흰 침전이 생겼어요.

__ 정말 바로 반응을 확인할 수 있네요.

이 반응에서 흰 침전물은 질산은의 은 이온(Ag^+)과 염화나트륨의 염화 이온(Cl^-)이 반응하여 생성된 염화은($AgCl$)입니다.

$$Ag^+ + Cl^- \rightarrow AgCl \text{ (흰 침전)}$$

용액 중에서 이온끼리 충돌하여 일어나는 반응은 원자들의 재배열이 일어나지 않고 바로 반응하기 때문에 빠르게 일어나지요. 이 외에도 산과 염기의 중화 반응, 금속과 산의 반응도 빠른 반응입니다.

그러나 아이오딘화수소가 수소 기체와 요오드 기체로 분해
되는 경우처럼 결합을 끊고 반응이 진행되어야 할 때는 반응
이 느립니다.

잘 이해했나요? 이렇듯 반응 물질의 종류에 따라서 반응
속도는 달라집니다. 결합의 재배열이 일어나는 반응은 반응
속도가 대체로 느리며, 결합의 재배열이 일어나지 않는 반응
은 빠르지요.

못에 뭐라도 있나요?
뭘 그렇게 보고 있죠?

화학 반응을 눈으로 직접 보려고 못이 녹슬 때까지 기다리고 있어요.

이런, 그런 느린 반응을 보려면 아마 며칠은 기다려야 할 겁니다. 자, 내가 빠른 반응을 보여주죠.

어? 그게 뭔가요?

여기 한 플라스크에는 질산은 수용액이 담겨 있고, 한 플라스크에는 염화나트륨 수용액이 담겨 있습니다. 염화나트륨 수용액을 질산은 수용액이 담긴 플라스크에 넣어 볼까요?

우아! 하얀 침전물이 생겼어요. 정말 바로 반응을 확인할 수 있네요.

하얀 침전물은 질산은의 은 이온과 염화나트륨의 염화 이온이 반응하여 생긴 염화은이죠. 이렇게 용액 중에서 이온끼리 충돌하여 일어나는 반응은 원자들의 재배열이 일어나지 않고 바로 반응하기 때문에 빠르게 일어나요.

$Ag^+ + Cl^- \rightarrow AgCl$

반대로 반응물을 이루는 원자들의 결합을 끊어야 하는 경우, 즉 원자들의 결합이 재배열되는 경우에는 에너지가 많이 필요하므로 반응 속도도 느리다는 것이지요.

반응 물질의 종류에 따라서 반응 속도가 달라지는데 결합의 재배열이 일어나는 반응은 반응 속도가 대체로 느리며, 결합의 재배열이 일어나지 않는 반응은 빠르다는 거군요.

잘 이해했어요.

5

농도가 반응 속도에 미치는 영향

농도가 짙을수록 반응물의 입자 수는 많습니다.
반응 입자 수가 많다는 것은 충돌할 횟수가 더 많다는 것을 의미하지요.

Electron flow

− +ve ions
−ve ions
Electrolyte +

Anode   Cathode

5

농도가 반응 속도에
미치는 영향

아레니우스는 지난번 수업 시간에
사용했던 구슬을 다시 가져와서
다섯 번째 수업을 시작했다.

학생들 입가에서는 웃음이 번져 나왔다. 오늘도 구슬치기를 하실
것인지⋯⋯.

__ 선생님, 또 구슬을 가져오셨네요.

구슬을 보니까 기분이 좋아지는가 보군요. 오늘부터는 반
응 속도에 미치는 요인들에 대해서 공부할 것입니다. 어떤 경
우에 반응이 빨라지고 느려지는지에 대해 알아봅시다.

반응 입자의 수와 충돌 횟수

아레니우스는 정사각형의 상자에 파란 구슬 2개와 빨간 구슬 2개를 넣었다.

파란 구슬   빨간 구슬

왼쪽의 파란 구슬이 오른쪽의 빨간 구슬과 충돌할 수 있는 횟수는 몇 번인지 생각해 볼까요?

— …….

그럼 왼쪽의 첫 번째 파란 구슬 1개가 오른쪽의 빨간 구슬과 충돌 가능한 횟수는 몇 번인가요?

＿2번이요.

마찬가지로 두 번째 파란 구슬이 빨간 구슬과 충돌 가능한 횟수는 몇 번이지요?

＿ 같은 경우이니까 똑같이 2번이요.

자, 그럼 이 상자 안에서 파란 구슬 2개가 빨간 구슬과 충돌 가능한 횟수는 모두 몇 번이지요?

＿4번이요.

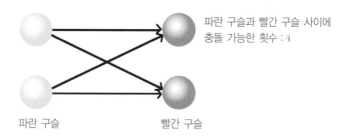

파란 구슬과 빨간 구슬 사이에
충돌 가능한 횟수 : 4

파란 구슬   빨간 구슬

잘 맞혔어요. 이제 네모난 상자에 구슬을 4개씩 넣어 보겠습니다.

아레니우스는 파란 구슬 4개와 빨간 구슬 4개를 나란히 넣었다.

다시 물어볼까요? 첫 번째 파란 구슬이 빨간 구슬과 충돌 가능한 횟수는 몇 번이지요?

＿4개의 빨간 구슬과 충돌한 가능성이 있으므로 4번이요.

＿2번째, 3번째, 4번째 파란 구슬 모두 빨간 구슬과 충돌 가능한 횟수는 4번이에요.

파란 구슬 1개당 빨간 구슬과 충돌 가능한 횟수는 모두 4번이고, 파란 구슬은 모두 4개입니다. 그럼, 이 네모난 상자 안에서 파란 구슬이 빨간 구슬과 충돌 가능한 횟수는 모두 몇 번이지요?

＿4×4=16, 16번입니다.

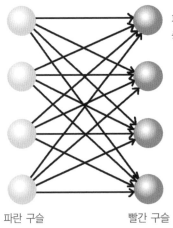

파란 구슬과 빨간 구슬 사이에
충돌 가능한 횟수 : 16

파란 구슬   빨간 구슬

아레니우스는 이번에는 구슬을 6개씩 넣었다. 처음에 약간 어리둥절했던 학생들은 이제 대답에 자신감이 생겼다.

이번에는 첫 번째 파란 구슬이 빨간 구슬과 만날 수 있는 횟수가 몇 번이지요?

＿6번이요.

__2번째 파란 구슬도 빨간 구슬과 6번 만날 수 있고, 3번째 파란 구슬도 빨간 구슬과 6번 만날 수 있어요.

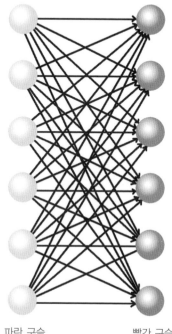

파란 구슬과 빨간 구슬 사이에
충돌 가능한 횟수 : 36

파란 구슬   빨간 구슬

__4번째 파란 구슬도, 5번째 파란 구슬도, 6번째 파란 구슬도 각각 빨간 구슬과 충돌 가능한 횟수는 6번씩이지요.

__6개의 파란 구슬이 빨간 구슬과 충돌 가능한 횟수가 모두 6번씩이니까, $6 \times 6 = 36$(번)이네요.

__선생님, 이제 구슬을 더 많이 넣으실 건가요?

학생들은 이제 다 눈치챘다는 듯이 환하게 웃으며 대답을 했다.

반응물의 농도 증가와 반응 속도

이렇게 대답을 잘하는 것을 보니 파란 구슬과 빨간 구슬을 8개씩 넣을 필요는 없을 것 같군요. 이 파란 구슬과 빨간 구슬을 반응물이라고 생각해 볼까요?

파란 구슬과 빨간 구슬을 반응물이라고 한다면, 이 네모난 상자 안에 구슬들의 개수가 늘어날수록 반응물들이 많아지는 것이고, 따라서 반응할 입자 수가 많아지는 것이죠.

또한 반응할 입자들이 많아졌다는 것은, 반응물의 농도가 증가했다는 것입니다.

＿아하, 알겠어요. 반응물의 농도가 증가하니까, 반응물끼리의 충돌 횟수도 증가한 것이에요.

＿맞아요, 반응물의 충돌이 많아지면 생성물이 빨리 생기겠지요?

＿음, 그럼 반응 속도도 빨라지겠네요.

잘 생각했어요. 훌륭하네요. 그럼…….

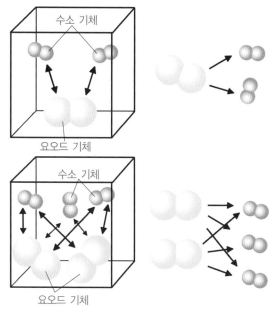

수소 기체

요오드 기체

수소 기체

요오드 기체

농도와 충돌 수

아레니우스가 다음 학습 내용으로 넘어가려 하는데 몇몇 학생들의 눈빛이 어두웠다. 아직 이해되지 않은 부분이 있었던 것이다. 아레니우스는 빙긋 웃으며 말했다.

다른 예를 들어 설명해 보죠.

버스를 탔는데 이른 새벽이라 사람은 3, 4명밖에 되지 않고 버스 안은 아주 한가합니다. 이런 버스 안에서는 다른 사

람들과의 충돌 가능한 횟수가 적습니다.

　그런데 등교 시간에 버스를 탔을 경우에는 상황이 다릅니다. 학생들의 등교 시간은 어른들의 출근 시간과 같은 시간대여서 많이 붐빕니다. 비슷한 시간대에 많은 사람들이 이동하다 보니, 버스 안에는 사람들이 꽉꽉 들어차게 되지요.

　이러한 버스 안에서는 다른 사람들과의 충돌 가능한 횟수가 많습니다.

이와 마찬가지입니다. 버스 안을 반응계라 생각하고, 사람들을 반응 입자라 생각하면 이해하기가 쉽습니다. 반응물의 농도가 증가하면 충돌 횟수가 증가하고 결과적으로 반응 속도가 빨라지게 되지요.

자, 이제 정리가 좀 되나요?

반응물 중 한 가지만 농도가 증가하는 경우

그런데 반응물 모두 농도가 증가하는 것이 아니라, 반응물 중 한 가지만 농도가 증가하더라도 반응 속도는 빨라질까요?

__저요, 선생님, 제가 설명해 보겠습니다.

영빈이가 자신 있게 손을 들었다.

__파란 구슬 2개와 빨간 구슬 2개가 상자 안에 있을 경우에는 조금 전에 선생님께서 설명하신 대로 두 입자가 충돌 가능한 횟수는 모두 4번입니다. 그런데 빨간 구슬은 2개 그대로인데, 파란 구슬은 4개가 되었다고 생각해 보면, 파란 구슬 1개당 빨간 구슬과 충돌 가능한 횟수는 2번입니다. 즉 파란

구슬 4개가 각각 빨간 구슬 2개와 충돌할 가능성이 있으므로, $4 \times 2 = 8$, 모두 8번입니다. 반응물 중 어느 한쪽의 농도만 증가하여도 속도는 증가하는 것이지요.

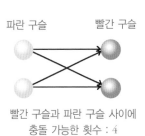

파란 구슬 빨간 구슬

빨간 구슬과 파란 구슬 사이에
충돌 가능한 횟수 : 4

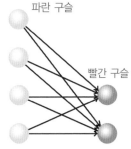

파란 구슬

빨간 구슬

빨간 구슬과 파란 구슬 사이에
충돌 가능한 횟수 : 8

영빈이는 숨이 찰 정도로 신이 나서 설명을 했다.

아주 잘했어요.

농도가 진해지면 반응물의 충돌 횟수가 증가하므로 반응 속도는 빨라집니다. 반응하는 물질 전체의 농도가 진해져도 반응 속도는 빨라지며, 반응물 중 일부의 농도만 진해지더라도 반응 속도는 빨라집니다. 만일 반대로 반응물의 일부나 전체의 농도가 옅어진다면 반응 속도는 느려지겠지요. 이처럼 농도는 반응 속도에 영향을 미치는 하나의 요인이 되는 것이지요.

윽! 선생님, 힘들지 않으세요? 왜 그렇게 웃고 계세요?

후후, 난 지금 이 버스 안을 반응계, 사람들을 입자라고 생각해서 화학 반응을 상상하고 있답니다.

철수 군은 반응 속도에 농도가 어떤 영향을 주는지 알고 있나요?

반응 속도와 농도요? 글쎄요….

생각해 봐요. 버스에 사람이 3, 4명밖에 되지 않을 때, 다른 사람들과 부딪칠 경우가 적겠죠?

네, 당연하죠.

그런데 지금처럼 버스 안에 사람이 많을 때, 다른 사람들과 부딪칠 가능성이 훨씬 높아지죠? 충돌할 빈도가 증가하는 것이지요.

불행히도 그렇죠.

버스 안에서의 상황처럼 화학 반응도 반응물의 농도가 증가하면 충돌 횟수가 증가하여 반응 속도가 빨라지죠.

아, 그렇군요.

아무리 그래도 전 이 상황에서 웃음이 나오지 않아요.

하…하, 그럴지도 모르겠군요.

반응 속도에 미치는
압력의 영향

기체의 경우, 압력이 증가하면 반응 속도는 빨라집니다.
기체의 압력이 증가하여 부피가 감소하면, 단위 부피당 입자 수가 증가하므로 농도가
증가한 것과 같은 효과가 나타나기 때문이지요.

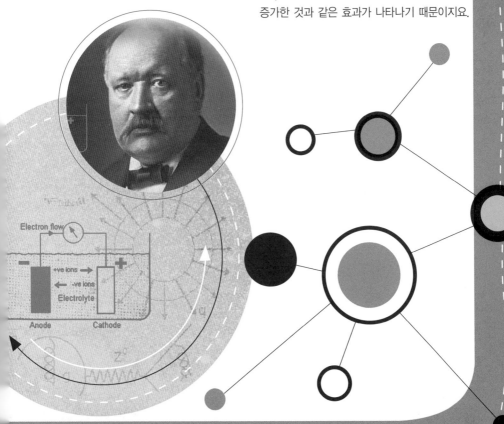

Electron flow

− +ve ions → +
← −ve ions
Electrolyte

Anode   Cathode

6

여섯 번째 수업

반응 속도에 미치는
압력의 영향

아레니우스가
커다란 주사기를 들고 와서
여섯 번째 수업을 시작했다.

학생들은 아레니우스의 손에 들린 커다란 주사기를 보고 눈이 휘둥 그레지며 놀랐다.

__ 선생님, 혹시 벌주실 때 쓰실 주사기는 아니지요?

이런, 이 주사기는 벌줄 때 사용하려고 가지고 온 것이 아 니랍니다.

__그럼 병원 놀이하나요?

병원 놀이만큼 재미있는 공부를 시작해 보죠.

아레니우스는 마음이 흐트러지려는 학생들에게 단호히 말하였다.

압력이 증가하면 부피가 감소

여기 주사기가 있습니다. 이 주사기는 바늘이 없지요. 이 주사기의 끝을 손가락으로 막고 피스톤을 누르면 어떻게 될지 예측해 볼까요?

__ 주사기의 피스톤이 눌려서 주사기 안의 공간이 작아져요.

__ 주사기 안의 부피가 감소하지요.

아레니우스는 주사기의 끝을 막고 피스톤을 밀었다. 학생들의 예상대로 피스톤은 어느 한계까지 주사기 안으로 밀려 들어갔다. 주사기 안의 부피가 감소한 것이다.

주사기 안에 채워져 있던 공기 입자들이 밖으로 빠져나간 모양이군요. 부피가 감소했으니까요.

압력이 증가하면 반응 속도가 빨라진다

__ 아니에요. 주사기 한쪽 끝을 손으로 막고 계셨잖아요.

__ 공기 입자들이 빠져나갈 틈이 없었어요.

하하, 잘 관찰했군요. 주사기 안에 10개의 기체 입자가 들어 있다고 생각해 봅시다. 그런데 한쪽 끝을 막고 피스톤을 누르면 기체의 입자 수는 어떻게 되지요?

__ 입자 수는 그대로지요.

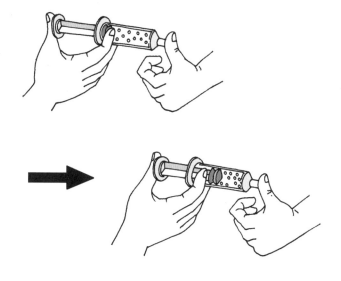

예, 입자 수는 그대로이고, 기체들이 차지하는 부피는 감소하였습니다. 그러면 그 안에 있던 기체들의 충돌 기회는 더 많아지게 됩니다.

__ 어? 그럼 반응 속도가 증가하는 것이네요.

그렇지요. 다른 예를 들어 설명해 보겠습니다.

친구들 셋이서 다른 친구네 집에 놀러 갔습니다. 네 명이서 거실에서 눈을 가리고 찾는 놀이를 하였습니다. 한 친구가 박수를 치며 자기를 찾아보라고 하였습니다. 그런데 친구 어머니께서 손님이 오셔서 거실에서 이야기하며 차를 마실 것이니 방 안으로 들어가서 놀라고 하셨습니다.

이 놀이를 한다면 넓은 거실에서 할 때 친구를 더 빨리 찾을 수 있을까요, 좁은 방에서 할 때 친구를 더 빨리 찾을 수 있을까요?

__당연히 좁은 방에서 할 때지요.

__좁은 공간에서 친구를 찾을 확률이 더 높지요.

반응 입자 수는 그대로인데, 압력의 상승으로 부피가 감소하였다면 반응물의 충돌 횟수는 증가합니다.

기체의 압력이 증가하면
농도가 진해진 것과 같은 효과

다음 페이지의 그림을 보세요. 첫 번째 그림의 압력을 1기압이라고 하고 부피를 4L라고 합시다. 두 번째 그림에서는 압력이 2배로 상승했습니다. 그랬더니 부피는 $\frac{1}{2}$로 줄어들어 2L가 되었습니다. 세 번째 그림에서는 압력이 처음보다 4배로 증가하였고 부피는 $\frac{1}{4}$로 감소하여 1L가 되었어요.

__압력과 부피는 서로 반비례하네요.

그렇지요. 압력이 점점 증가하니까 부피는 점점 감소합니다. 그 안의 기체 입자 수는 그대로이고요.

__결국은 농도가 진해진 결과와 같아졌네요.

예, 그렇지요. 압력이 커지고 부피가 작아지면 결국 농도가 진해진 결과와 같아져서 반응 속도는 증가하게 되는 것입니다.

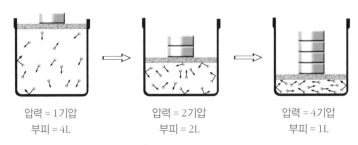

| 압력 = 1기압 | 압력 = 2기압 | 압력 = 4기압 |
| 부피 = 4L | 부피 = 2L | 부피 = 1L |

기체의 압력과 반응 속도- 압력이 커지면 부피가
작아지고 농도가 진해져서 충돌 횟수가 증가한다.

단, 고체와 액체 상태에서는 압력에 따른 부피 변화가 크지
않습니다. 그러므로 반응물 중 기체가 포함되지 않았을 경우
에는 압력의 변화가 반응 속도에 거의 영향을 미치지 않지요.

과학자의 비밀노트

보일의 법칙

일정 온도에서 기체의 압력과 그 부피는 서로 반비례한다는 법칙으로
1662년 영국의 보일(Robert Boyle, 1627~1691)이 실험을 통하여 발견
하였다. 용기 속의 기체 분자는 모든 방향으로 활발한 운동을 하면서 용
기 벽에 충돌하는데, 이처럼 충돌에 의하여 용기 벽의 단위 넓이에 작용
하는 힘을 그 기체의 압력이라고 한다. 외부에서 힘을 가해 기체의 부피
를 감소시키면, 기체의 밀도가 증가하여 충돌 횟수도 증가하므로 기
체의 압력은 증가한다. 반대로 부피가 늘어나면 압력은 감소한다.

자, 주사를 놓아야 하니까 팔 걷으세요.

아, 자…잠깐만요. 주사기를 보니 반응 속도에 미치는 압력의 영향이 생각나는군요.

네? 반응 속도요?

아, 그러니까 만약에 이 주사기의 끝을 막고 피스톤을 누르면 어떻게 될까요? 피스톤이 눌려서 주사기 안의 공간이 작아지겠죠?

당연히 그렇겠죠.

그런데 그 공간 안의 기체의 입자 수는 그대로일 겁니다. 입자 수가 그대로이고, 부피는 감소하였으니 그 안에 있던 기체들의 충돌 기회는 더 많아지게 될 겁니다.

비좁아~

그러니까 충돌의 기회가 많아져 반응 속도도 증가하게 될 것이라는 것이죠.

그렇겠네요.

다시 말해서 반응 입자 수는 그대로인데 압력의 상승으로 부피가 감소하였다면 반응물의 충돌 횟수는 증가하여 반응 속도는 빨라지게 되는 것이죠.

네, 잘 알겠어요.

그래도 주사는 맞으셔야죠! 자, 팔 걷으세요.

네~.

7

반응 물질의 표면적과 반응 속도

반응물을 잘게 부술수록 반응 속도는 빨라집니다.
반응할 수 있는 표면적이 넓어지기 때문입니다.

일곱 번째 수업

반응 물질의 표면적과
반응 속도

아레니우스가
커다란 밀가루 반죽을 가지고 와서
일곱 번째 수업을 시작했다.

그동안 열심히 공부했으니 오늘만큼은 함께 수제비나 칼국수를 해 먹자고 하면 좋으련만, 그럴 리는 없을 것이다. 그러면 밀가루 반죽으로 공작 놀이를 할 것인가?

학생들은 수업 시작종이 울리자 호기심 가득한 눈빛으로 아레니우스를 바라보았다. 아레니우스는 밀가루 반죽을 정육면체 모양으로 만들었다.

자, 여기에 가로 1m, 세로 1m, 높이 1m인 정육면체 모양의 밀가루 반죽이 있습니다. 이 밀가루 반죽의 전개도를 그려 볼까요?

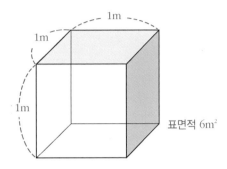

밀가루 반죽은 모두 6면으로 각각의 면은 정사각형입니다.
밀가루 반죽으로 된 이 정육면체의 표면적은 어떻게 계산할
까요?

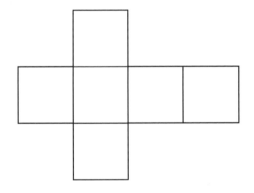

__ 한 면이 정사각형이니까, 한 면의 면적은 $1m \times 1m = 1m^2$
이고요, 이러한 정사각형이 모두 6개이니까 $1m^2 \times 6면 = 6m^2$

입니다.

그럼 이 정육면체의 가운데를 잘라 볼까요? 정육면체를 반
으로 자르면 표면적이 얼마이지요?

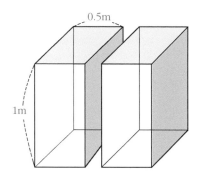

조금 어려운 그림이었다. 학생들은 계산을 하느라고 약간 소란스러워
졌다. 아레니우스는 학생들이 계산을 마칠 때까지 기다렸다.

__1m × 1m = 1m² 면적을 가진 정사각형이 모두 4개이고
요, 1m × 0.5m = 0.5m²의 면적을 가진 직사각형이 8개예요.

$$1m^2 \times 4 = 4m^2$$

$$0.5m^2 \times 8 = 4m^2$$

$$8m^2$$

그럼 정육면체를 한 번 자른 경우는 표면적이 8m²이군요.
이번엔 두 번 더 잘라 보죠. 먼저 가운데를 자릅니다.

아레니우스가 밀가루 반죽을 칼로 자르자 모두 4조각으로 나누어졌
다. 그런 후 다시 한 번 잘랐다. 아까보다 조금 더 복잡한 모습이
되었다. 이번에도 학생들은 잘라 낸 정육면체의 표면적을 계산하느
라고 집중하고 있었다.

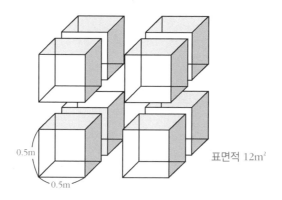

0.5m
0.5m
표면적 12m²

__두 번 더 자르니까 작은 정육면체 8조각이 되었어요. 그
중 한 조각의 표면적은 (0.5m×0.5m)×6면=1.5m²이니까 8
개의 정육면체들의 표면적은 1.5m²×8개=12m²가 돼요.
__선생님, 자르면 자를수록 밀가루 반죽의 표면적이 넓어
져요.

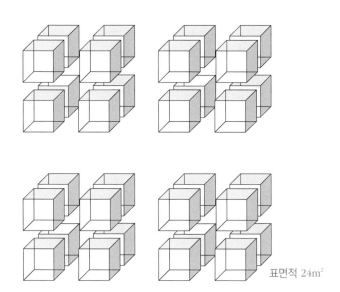

표면적 24m²

그렇습니다. 밀가루 반죽을 반응 입자라고 생각해 볼까요?

반응물의 표면적이 늘어날수록 반응물끼리 충돌할 수 있는 접촉 면적이 증가합니다. 그러므로 표면적이 증가하면 충돌 횟수도 증가할 수 있으므로 반응 속도는 빨라진다고 할 수 있습니다.

＿아하, 반응물이 덩어리일 때보다 가루일 때 표면적이 더 넓어지는 것이죠? 그러니까 가루 상태의 반응물이 반응 속도가 더 빠르다는 것이고요.

그렇다면 알약을 먹을 때와 가루약을 먹을 때 어느 쪽의 흡수가 더 빠를까요?

　　그야 가루약이 알약보다 표면적이 더 넓으니까, 흡수가 빠르겠지요.

　　이러한 비슷한 경우를 생물 시간에도 배웠어요. 우리 몸의 폐는 매끈한 하나의 공기주머니로 되어 있는 것이 아니고, 폐포라는 작은 여러 개의 공기주머니로 이루어져 있지요. 그래서 가스 교환이 효율적으로 일어난다고 배웠어요.

　아주 잘 아는군요. 폐포뿐 아니라 음식물을 흡수하는 소장의 상피 세포도 수많은 융털로 되어 있어서 영양소의 흡수를 빠르게 하여 줍니다.

　생각나는 다른 예들을 한번 이야기해 볼까요?

　　나무에 불을 붙일 때 통나무에 불을 붙이는 경우보다 잔가지에 불을 붙이는 경우에 훨씬 잘 타요.

　　음식을 만들 때 재료를 다지거나 잘게 썰면 조리 속도가 빨라져요.

　　조개껍데기와 염산을 반응시킬 때 조개껍데기를 빻아서

반응시키면 반응 속도가 더 빨라요.

예, 모두 잘 대답하였습니다. 고체를 잘게 부수면 전체 표면적이 커져서 반응 속도가 빨라진다는 사실을 잊지 마세요.

우아! 커다란 밀가루 반죽이네요. 빵을 만드시려는 건가요?

아니에요.

이 밀가루 반죽은 가로 1m, 세로 1m, 높이 1m 인 정육면체예요. 그러면 이 정육면체의 표면적은 얼마일까요?

한 면이 정사각형이니까 면적은 1m × 1m = 1m² 이고, 정사각형이 모두 6개이니까 1m² × 6개 = 6m² 이네요.

그럼 정육면체를 3번 자른 경우는 표면적이 어떻게 될까요?

3번 자르면 작은 정육면체 8조각이 되니까, 그중 한 조각의 표면적을 구해서 8을 곱하면 되겠네요. 답은 12m²예요.

그런데 선생님, 밀가루 반죽을 잘게 자를수록 표면적이 넓어지는데요?

맞아요. 밀가루 반죽을 반응 입자라고 생각하면, 고체의 경우 충돌이 표면에서 일어나니까 반응도 표면에서 일어난다고 할 수 있지요.

이때 반응물의 표면적이 늘어날수록 반응물끼리 충돌할 수 있는 접촉 면적이 증가해서 반응 속도는 빨라진다고 할 수 있지요.

아하, 반응물이 덩어리일 때보다 가루일 때 표면적이 더 넓어지는 것이죠?

그러니까 가루 상태의 반응물이 반응 속도가 더 빠르다는 것이고요. 그러면 가루약이 알약보다 흡수가 빠르겠군요.

그렇지요. 이해력이 참 빠르네요, 하하.

8

온도와 반응 속도

첫 시간에 우리는 음식물을 냉장고에 넣으면 상하는 반응이 느려진다고 배웠습니다.
온도가 낮아지면 반응 속도는 느려지고, 반대로 온도가 높아지면 반응 속도는 빨라지지요.

온도와 반응 속도

아레니우스가 지난 시간에
배운 내용을 상기시키며
여덟 번째 수업을 시작했다.

첫 시간에 음식물을 냉장고에 보관하는 이유에 대하여 이
야기한 바 있지요? 왜 냉장고에 음식물을 보관한다고 했나
요?

__음식물이 상하는 것을 늦추기 위해서이지요.

__온도가 낮아지면 음식물이 상하는 속도도 그만큼 느려
진다고 배웠어요.

온도에 의한 반응 속도의 변화

온도가 낮아지면 반응 속도도 느려지는 경우를 예로 들어 볼 수 있을까요?

__겨울에 담근 김치가 여름에 담근 김치보다 늦게 시어서 오랫동안 먹을 수 있어요.

__생선이나 조개류를 팔 때, 얼음 위에 올려놓고 팔아요.

__음식물이 여름철보다 겨울철에 잘 상하지 않아요.

겨울 김치

여름 김치

학생들은 배웠던 내용이라 어렵지 않게 차근차근 예를 들었다.

반대로, 온도가 높아져서 반응 속도가 빨라지는 경우도 있나요?

__압력솥에서 밥을 지으면 끓는점이 높아져서 밥이 빨리 되지요.

__ 더운 지방에서 자라는 식물의 생장 속도가 더 빨라요.

잘 알고 있군요. 그럼 온도가 달라지면 반응의 어떤 점이 변화되어서 반응 속도가 달라질까요?

학생들은 서로 얼굴을 쳐다보며 왜 그런지를 생각했다. 학생들의 대답을 기다리던 아레니우스는 다시 이야기를 하였다.

질문이 어려운가요? 그럼 질문을 바꿔 보죠. 온도가 높아지면 반응 속도는 왜 빨라지는 것일까요?

온도가 높아지면 반응물들의 충돌 횟수가 증가한다?

__그건 온도가 높아지면 반응 물질들이 더 활발하게 움직이기 때문이죠. 반응물들의 운동 속도가 빨라지면 충돌 횟수도 증가할 테니 반응 속도는 빨라질 수밖에 없지요.

학생들도 고개를 끄덕였다. 아레니우스는 미소를 지으면서 이야기하였다.

좋은 의견이군요. 그러나 천천히 좀 더 생각해 봅시다.

염소 기체와 수소 기체가 있습니다. 이 두 기체를 반응시키면 염화수소 기체가 생성되지요. 일반적으로 온도가 10℃ 상승하면 반응 속도는 2배 정도 빨라진다고 알려져 있습니다. 그러나 염소 기체와 수소 기체를 반응시키기 위해서 온도를 10℃ 상승시키면 반응물들의 충돌 횟수는 고작 2% 정도만 증가한다고 합니다.

학생들의 눈이 동그랗게 커졌다.

__ 어? 그럼 온도가 높아지면 분자들의 움직임이 빨라지고,

이에 따라 분자들의 충돌 횟수가 증가하여 반응 속도에 영향을 미친다는 것이 아주 옳은 생각은 아니네요.

__온도가 10℃ 상승할 때 충돌 횟수는 2%만 증가한다니, 온도의 변화가 반응 속도를 달라지게 하는 주원인이 아니라는 것이지요?

네, 그렇습니다. 온도가 상승하여 반응물들의 충돌 횟수가 증가함에 따라 반응 속도가 빨라진다는 것은 주요인으로 볼 수 없습니다.

활성화 에너지 이상의 에너지를 가진 입자들만이 반응한다

다시 수소 기체와 산소 기체가 반응하여 수증기를 생성하는 반응을 생각해 봅시다.

하나의 반응 용기에 담겨 있는 입자들이 갖는 운동 에너지는 모두 다릅니다. 에너지가 큰 입자들도 있고, 에너지가 작은 입자들도 있습니다.

수소 기체와 산소 기체가 반응하기 위해서는 무엇이 필요하다고 하였지요?

__활성화 에너지 이상의 에너지가 필요해요.

그렇습니다. 반응 용기 내의 입자들이 갖는 운동 에너지는 저마다 다를 수 있는데, 입자들 중에서 활성화 에너지 이상의 에너지를 가진 입자들만이 반응에 참여할 수 있습니다.

온도 상승은 활성화 에너지 이상의 에너지를 갖는 입자들을 증가시킨다

__그럼 온도가 높아지면 활성화 에너지 이상의 에너지를 갖는 입자들이 많아지는 것인가요?

허허, 벌써 알아냈군요. 온도가 높아지면 반응 입자들의 충돌 횟수가 증가한다기보다는, 활성화 에너지 이상의 에너지를 가진 입자 수가 증가하기 때문에 반응 속도가 빨라지는 것이지요.

대부분의 학생들은 아직도 고개를 갸우뚱했다.

다음 페이지의 그래프를 함께 볼까요?

그래프를 볼 때에는 먼저 세로축과 가로축의 값이 무엇인

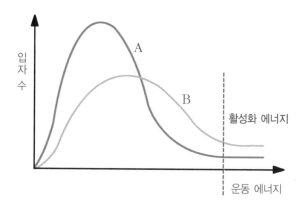

지를 확인해야 합니다. 세로축은 무엇인가요?

__ 입자 수예요.

가로축은 무엇인가요?

__ 반응 입자들이 갖는 운동 에너지예요.

그럼 입자들은 어느 만큼의 에너지를 가지고 있어야 반응이 가능한가요?

__ 활성화 에너지 이상이요.

그럼 가로축에서 입자들의 운동 에너지에 활성화 에너지가 표시되어 있나요?

__ 아하, 따로 표시되어 있는 것이 활성화 에너지이지요?

네, 그렇다면 반응이 가능한 입자들을 색칠해 볼까요? A그래프를 먼저 색칠해 보고, 그 다음에 B그래프에서 반응이 가능한 입자들을 색칠해 보죠.

학생들은 상의하면서 색칠했다. 반응이 가능한 입자들의 분포를 색칠
한 학생들은 손을 들어 아레니우스에게 보여 주었다.

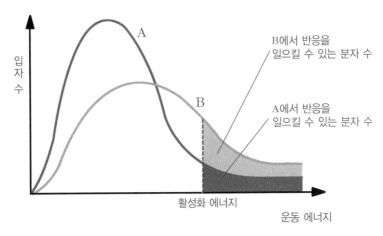

반응을 일으키는 데 필요한 최소 에너지

__반응이 가능한 입자들은 색칠한 부분의 입자들이에요.
모두 활성화 에너지 이상의 에너지를 갖는 입자들이죠.
　모두들 그래프를 잘 이해하는군요. 자, 이제 A그래프와 B
그래프 중에서 어떤 그래프의 온도가 더 높은지 생각해 보기
로 해요.
__A그래프가 더 높이 솟아 있으니까 온도도 더 높겠지요.

　하지만 영빈이는 고개를 저었다.

＿아니에요. 그래프의 오른쪽을 보면 활성화 에너지 이상의 입자들이 많은 것은 오히려 B예요. 그러니까 B의 온도가 더 높지요.

＿아, 그렇구나. 온도가 높아지면 활성화 에너지 이상의 에너지를 갖는 입자들이 많아진다고 했지!

＿아하!

아레니우스는 껄껄 웃었다.

여러분이 오늘 수업에서 중요한 내용을 모두 다 찾아냈군요. 참으로 기특해요.

여러분의 생각처럼 B그래프의 온도가 더 높습니다. 온도가 높아지면 우선 반응하여야 할 입자들의 평균 운동 에너지가 증가합니다. 입자들의 에너지가 증가하면 입자들은 빠르게 움직이지요. 그리고 입자들의 운동 속도가 빨라지면 반응이 가능한 입자 수가 증가하지요. 즉 활성화 에너지 이상의 에너지를 갖는 입자들이 많아지면 반응 속도는 빨라지게 됩니다.

왜 냉장고에 음식물을 보관한다고 했지요?

음식물이 상하는 것을 늦추기 위해서요.

온도가 낮아지면 음식물이 상하는 속도가 느려진다고 배웠어요.

그렇지요. 온도에 의한 반응 속도의 변화예요.

반대로 온도가 높아져서 반응 속도가 빨라지는 경우도 있나요?

압력솥에서 밥을 지으면 끓는점이 높아져서 밥이 빨리 되잖아요.

잘 알고 있군요. 그럼 온도가 높아지면 반응 속도는 왜 빨라질까요?

온도가 높아지면 반응물들의 운동 속도가 빨라져서 충돌 횟수도 증가하기 때문이에요.

일반적으로 온도가 10℃ 상승하면 반응 속도는 2배 정도 빨라지니까 틀린 건 아니죠. 그러나 염소와 수소는 온도를 10℃ 상승시키면 충돌 횟수는 고작 2% 정도만 증가하지요.

그렇다면 온도는 반응 속도를 달라지게 하는 주요인이 아닌가요?

그렇지요. 하나의 반응 용기에 담겨 있는 입자들이 갖는 운동 에너지는 모두 달라요.

그러나 반응이 일어나려면 활성화 에너지 이상의 에너지를 가진 입자들만이 반응에 참여할 수 있지요.

그렇군요.

반응의 중매쟁이 – 촉매

반응 속도를 조절해 주는 물질을 촉매라고 합니다.
촉매는 반응에 참여하여 화학 반응의 속도를 변화시키지만,
그 자신은 반응 후에도 변하지 않고 그대로 남아 있습니다.

9

반응의 중매쟁이 – 촉매

아레니우스는 실험실에서
아홉 번째 수업을 시작했다.

학생들은 실험실로 향하면서 오늘은 무슨 실험을 하게 될지 궁금했다. 실험 기구만 보아도 학생들의 기분은 들떴다.

__ 실험실에서 수업하게 돼서 기분이 더욱 좋아졌어요.

잔뜩 기대를 하면서 여기까지 왔군요. 자, 이제 마음을 차분히 가라앉히고 자리에 앉으세요. 실험실에서 집중을 하지 못할 경우에는 안전 사고가 발생할 수 있어요. 이제 공부할 준비가 되었나요?

들뜬 마음의 학생들은 어느새 일제히 아레니우스를 향했다.

과산화수소의 분해

여러분은 과산화수소를 사용해 본 적이 있을 거예요. 과산화수소는 상처 소독에 사용되지요.

어떤 학생이 상처를 소독하기 위해 과산화수소를 샀는데, 그만 소독에 열중하다가 뚜껑을 닫는 것을 잊고 응급 상자 함에 넣었지요. 그리고 몇 달 후에 다른 부위에 염증이 생겨서 과산화수소를 다시 사용하게 되었어요. 뚜껑이 열린 채로 보관된 과산화수소를 상처에 바른 것입니다.

몇 달 전 처음 사용했을 때는 상처 부위에 기포가 생기면서 소독이 되었는데, 지금은 기포도 생기지 않고 상처 부위가 따갑지도 않은 거예요. 왜 그럴까요?

__과산화수소가 물과 산소로 분해된 것이잖아요.

__시간이 오래 지나서 산소가 공기 중으로 날아가 버렸지요.

__용기 속에는 아마 물만 남아 있어 상처를 소독한 것이 아니고 물을 바른 것이지요.

＿과산화수소가 잘 분해되지 않도록 도움을 주는 물질이 있다면 좋을 텐데…….

정말 그렇겠네요. 과산화수소의 분해 반응이 더디게 일어난다면 좋겠군요. 과연 제약 회사에서 아직 그런 생각을 못했을까요?

＿어? 선생님 말씀은 이미 제약 회사에서는 과산화수소의 분해 반응이 느리게 일어나도록 조치를 취하고 있다는 것인가요?

＿과산화수소의 분해 반응 속도를 조절할 수도 있나요?

아레니우스는 당연하다는 듯이 씩 웃었다.

과산화수소의 분해 반응이 천천히 일어나게 할 수도 있고, 빨리 일어나도록 할 수도 있지요. 모두 가능합니다. 화학 반응이 빨리 일어나도록 도움을 주기도 하고, 천천히 일어나도록 도움을 주기도 하는 물질이 있으니까요.

＿그게 무슨 물질인데요?

＿반응 속도를 조절할 수 있는 물질이 있다는 말씀이신가요?

아레니우스는 고개를 끄덕였다.

반응이 빨리 일어나도록 도와주는 물질 – 촉매

어떤 사람이 자전거를 타고 산에 오르고 있습니다. 이 산은
꽤 높았던지라 무척 오르기가 힘들었지요. 산에 오르기 위해
서는 산마루의 높이만큼 위치 에너지가 필요했기 때문이지요.

산이 좀 낮았다면 쉽게 산 너머 목적지까지 갔을 텐데…….
산 아래에 터널이라도 있으면 좋으련만……. 그 사람은 한참
을 투덜거리며 힘들게 올라갔습니다.

산 아래에 터널을 뚫는 것과 같은 역할을 하는 물질이 있다
면 좀 더 쉽게 목적지까지 갈 수 있겠지요?

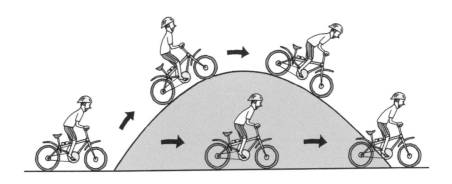

이런 역할을 하며 반응이 잘 일어나도록 도와주는 물질이 있습니다. 우리는 이를 촉매라고 부릅니다.

실험실에 왔으니 간단한 실험을 한 가지 할까요?

과산화수소를 플라스크에 넣습니다. 과산화수소에서 산소 기체가 뽀글뽀글 발생하는 것을 눈으로 확인할 수 없지요?

그런데 이 플라스크에 이산화망간을 넣어 볼까요?

이산화망간을 넣자 산소 기포가 뽀글뽀글 올라오는 것을 볼 수 있었다.

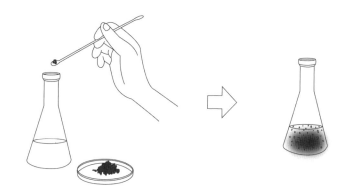

__ 이산화망간을 넣으니 반응이 빨라졌어요.

__ 이산화망간이 바로 촉매이지요?

정촉매와 부촉매

엄밀히 따져서 말하자면 촉매에는 정촉매와 부촉매가 있지요. 정촉매는 반응이 빠르게 일어나도록 도와주는 물질이고, 부촉매는 반응이 느리게 일어나도록 도와주는 물질입니다.

의료용으로 사용하는 과산화수소에는 인산이라는 부촉매를 넣어 과산화수소가 빨리 분해되는 것을 방지하고 있지요.

다시 자전거를 타고 산을 넘어야 하는 사람에 대해 생각해 볼까요? 이 사람이 넘어야 되는 산마루의 높이는 무엇이라 할 수 있나요?

__ 반응이 일어나서 생성물이 되기 위해 최소한 가해 주어야 하는 활성화 에너지요.

__ 그럼 터널을 뚫고 지나가도록 도와주는 정촉매는 활성화 에너지를 낮추어 주는 것이네요!

그렇습니다. 정촉매는 활성화 에너지를 낮추고, 반응이 빠르게 일어나도록 도와주는 물질입니다.

다음에 나오는 그래프에서 활성화 에너지는 a입니다. 그런데 정촉매를 사용하면 활성화 에너지는 a′로 낮춰집니다.

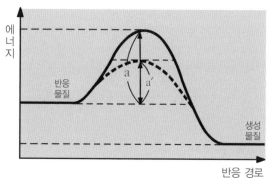

a: 촉매를 사용하지
   않은 경우
a′: 정촉매를 사용한 경우

촉매와 활성화 에너지

활성화 에너지가 작아지게 되면 다음 그래프에서 볼 수 있
듯이 반응이 가능한 입자 수의 분포가 훨씬 많아집니다.

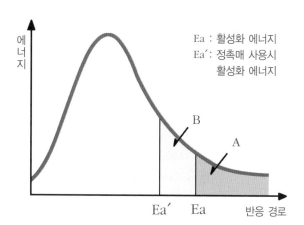

Ea : 활성화 에너지
Ea′ : 정촉매 사용시
      활성화 에너지

촉매와 반응 속도

A와 B의 면적이 바로 반응이 가능한 입자 수이니까, A의 면적과 B의 면적을 비교해 보면 쉽겠지요?

__선생님, 촉매를 반응물과 함께 넣어 주면 반응 물질과 촉매가 반응하여 우리가 원하는 바와는 다른 생성물을 얻게 될 것 같은데요?

__어, 정말 그렇겠네요.

촉매는 반응에 참여하여 화학 반응의 속도를 변화시키지만, 그 자신 스스로는 반응 전후에 화학 변화를 일으키지 않습니다. 반응의 주물질로 직접 참여하는 것이 아니라 반응을 재촉하고 응원하는 것이지요.

__아, 중매쟁이와 같은 거군요. 아직 결혼하지 않은 이모가 있는데요. 얼마 전 저희 학교 선생님과 우연히 길에서 마주쳤지요. 이모와 그 선생님께서는 서로 맘에 있어 하는 눈치였는데 겉으로는 안 그런 척하더라고요. 그래서 저희 어머니께서 만남을 주선했지요. 좋은 말들만 서로에게 해 주면서……. 반응물들이 만나게끔 반응을 응원하고 주선했으니 중매쟁이가 곧 촉매인 것이지요?

허허, 그렇군요. 촉매 자신은 반응에 직접적으로 참여하여 화학 변화를 일으키지는 않으나 반응이 빨리 일어나도록 응원해 주니 촉매야말로 반응의 중매쟁이라고 할 수 있군요.

영빈이의 말에 교실에는 한바탕 웃음꽃이 피었다.

그렇다면 반대로 반응이 천천히 일어나도록 하려면 어떻게 해야 할까요?

__그야 뭐, 활성화 에너지를 더 높여 주는 부촉매를 사용하면 되지요.

__정촉매가 어떻게 해서 자신은 변화하지 않으면서 화학 반응의 속도를 빠르게 해 주지요?

아레니우스는 그림을 그리면서 설명하였다.

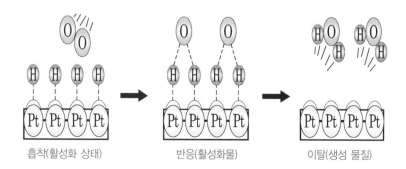

흡착(활성화 상태)　　　　반응(활성화물)　　　　이탈(생성 물질)

수소 기체와 산소 기체로 수증기를 만들기 위해 두 기체를 한 플라스크에 넣었습니다. 그러나 이 두 기체는 안정된 상태의 상온에서는 반응하려 하지 않고, 서로 본체만체하며 혼합 기체 상태로 있습니다. 그런데 여기에 백금 가루를 넣어 주면 반응은 빠르게 일어나지요. 백금의 원소 기호는 Pt랍니다.

플라스크 안의 백금 원자는 수소 기체 분자를 흡착하여 원자 상태로 만듭니다. 이처럼 불안정한 상태가 된 수소는 산소가 좀 낮은 에너지를 갖고 있어도 반응을 일으키게 되지요.

촉매의 역할이 이해되었나요?

이제 촉매가 생활 속에서 어떻게 활용되는지 알아보기로 하지요.

과산화수소를 바를 때, 상처에 혈액이 묻어 있을 경우 혈액 속의 카탈라아제에 의해 과산화수소가 분해돼요.

자동차에는 촉매 변환기가 있는데, 이 촉매 변환기의 백금 성분이 대기 오염 물질인 산화질소 기체를 산소와 질소로 분해해 주지요.

과학자의 비밀노트

효소의 촉매 작용

우리가 먹은 탄수화물이 체내에서 물과 이산화탄소로 분해되는 반응은
효소의 도움으로 일어난다. 즉, 효소는 단백질의 일종으로, 생체 내에서
의 화학 반응이 활성화 에너지가 낮은 경로로 진행하도록 도와주는 생체
촉매이다.

기질이라고 불리는 반응 물질은 효소의 활성 자리에 결합한다. 기질을 S,
효소를 E, 생성물을 P, 효소-기질 복합체를 ES라 할 때 단순화된 반응
메커니즘은 다음과 같다.

$$E + S \rightleftarrows ES$$
$$ES \rightarrow P + E$$

만화로 본문 읽기

뭐야! 상처 부위에 기포도 생기지 않고, 따갑지도 않잖아. 이거 소독약 맞아?

과산화수소 약병이 오래돼서 산소가 공기 중으로 다 날아갔나 봐.

과산화수소가 잘 분해되지 않게 해 주는 물질이 있다면 좋을 텐데….

당연히 과산화수소의 분해 반응이 천천히 일어나게 할 수도 있고, 빨리 일어나도록 할 수도 있지요.

반응 속도를 조절할 수 있는 물질이 있다는 말씀이세요?

그렇지요. 예를 들어, 차를 몰고 꽤 높은 산을 넘어갈 때 시간이 오래 걸리는데 이때 산 아래에 터널이 있다면 빠르게 통과할 수 있겠지요.

산 아래에 터널을 뚫는 것과 같이 반응이 빨리 일어나도록 도와주는 물질을 촉매라고 해요.

그렇군요.

촉매

우리가 반응이 빨리 일어나도록 도와줄게.

엄밀히 말하자면 촉매에는 정촉매와 부촉매가 있고, 정촉매가 반응이 빠르게 일어나도록 도와주는 물질이지요.

그럼 부촉매는 반응이 느리게 일어나도록 도와주는 물질이겠군요.

그래요. 의료용으로 사용하는 과산화수소에는 인산이라는 부촉매를 넣어 과산화수소가 빨리 분해되는 것을 방지해요.

이미 과산화수소의 분해 반응이 느리게 일어나도록 조치를 취하고 있었군요.

과산화수소

인산

나 때문에 빨리 분해되지 않지롱~.

반응 속도의 측정

반응 속도를 측정하는 방법은 반응물이나 생성물의 종류에 따라 다릅니다.
어떤 경우에는 시간당 발생한 기체의 양으로 반응 속도를 측정할 수 있으며,
반응물이나 생성물의 농도 변화량으로도 측정할 수 있습니다.

10

마지막 수업

반응 속도의 측정

아레니우스가 섭섭한 표정으로
마지막 수업을 시작했다.

학생들이 좀 침울한 표정을 지었다. 그동안 아레니우스와 공부하는 것이 좋았는데, 벌써 오늘이 마지막 수업이 된 것이다. 아레니우스도 섭섭한지 좀 상기된 얼굴이었다.

여러분, 100m 달리기를 해 본 적이 있나요?

__예, 제가 제일 빨라요.

__저는 앞만 보고 열심히 뛰는데 친구들이 제자리에서 뛰는 것 같다고 해요.

하하……. 다른 친구들보다 얼마나 느린데요?

__20초에 뛰거든요.

또 다른 친구들은요?

__저는 15초예요.

__저는 17초예요.

속력의 표현

지금 여러분은 빠르거나 느리다는 표현을 하는 데 시간 단위를 사용했습니다. 빠르거나 느린 정도를 나타내는 것이 속력인데, 속력을 시간으로 말하는 것은 정확한 표현인가요?

__아니요, 속력은 단위 시간당 이동한 거리를 의미하니까 거리를 시간으로 나누어서 표현해야 돼요.

__100m를 20초에 뛰는 거니까, 속력은 5m/s라고 말해야 정확하지요.

우리는 달리기의 빠르고 느린 정도를 이야기할 때 속력을 사용하여 표현합니다. 단위 시간당 이동 거리가 클수록 빠른 것이지요. 그런데 물질들의 반응 속도를 표현할 때에는 어떻게 해야 할까요?

반응 속도의 측정

아레니우스가 간단한 몇 가지 실험 도구를 가지고 왔다. 그런데 실험 재료들이 우리가 생활 속에서 사용하는 것들이었다. 빨래할 때 사용하는 산소계 표백제와 강판에 간 감자였다.

여기에 산소계 표백제와 갈아 놓은 감자가 있습니다. 산소계 표백제에 감자를 넣어 주면 산소 기체가 발생합니다.

아레니우스는 간 감자와 산소계 표백제가 잘 섞이도록 조심하면서 가지 달린 플라스크에 넣었다. 그리고 플라스크 입구는 고무마개로 막고, 플라스크의 가지에는 주사기를 연결했다. 산소 기체가 발생하면서 주사기의 피스톤이 뒤로 밀려 나갔다.

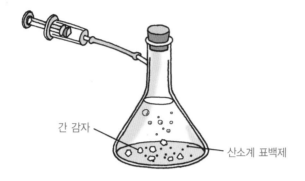

간 감자

산소계 표백제

__ 플라스크 안에서 뽀글뽀글 기체가 발생해요.

__ 기체가 발생하니까 피스톤이 뒤로 밀려나요. 이때 눈금의 변화를 보고 발생한 산소 기체의 양을 측정할 수 있어요.

처음에 뒤로 쭉쭉 밀려 나가던 피스톤은 시간이 흐르면서 점차 조금씩 밀려 나갔다.

반응 속도의 표현

반응이 시작되면 반응물이 생성물로 화학 변화합니다. 이

때 생성물의 양은 증가하지요. 그렇다면 반응물의 양은 어떻게 될까요?

__ 반응물이 생성물로 되면서 생성물의 양이 증가하는 것이니까, 반응물의 양은 감소하겠네요.

__ 반응물의 양이 점차 감소하니까 반응이 진행됨에 따라 피스톤이 뒤로 밀려 나가는 정도도 느려지겠네요.

다음 그래프를 볼까요?

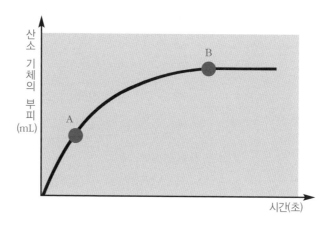

반응이 진행되면 발생하는 산소 기체의 양은 전체적으로 증가합니다. 그런데 단위 시간당 발생하는 기체의 부피 비율은 점점 감소하지요.

A점과 B점을 비교해 보면 B점보다 A점에서 그래프의 기울기가 가파르니까 반응이 빠르게 진행된다고 할 수 있습니

다. 초기의 반응이 더 빠르게 진행되지요. 이제 반응 속도를 어떻게 측정하여 표현할지 생각이 떠올랐나요?

　＿반응이 진행되면서 반응물의 양과 생성물의 양이 변화하니까, 이는 반응물의 농도나 생성물의 농도가 변화한다는 것이지요?

　＿시간당 변화하는 반응물의 농도나 생성물의 농도를 측정해 보면 되겠네요.

　이제 뭐든지 척척 생각해 내는군요.

　그런데 이렇게 기체가 발생하는 실험에서의 반응 속도의 측정은 농도 변화를 알아보는 것보다 발생하는 기체의 양을 측정하는 방법이 더 쉽습니다. 이 실험 장치에 초시계가 준비된다면 단위 시간당 발생하는 부피를 측정할 수 있겠지요? 그럼 반응 속도의 단위는 어떻게 될까요?

　＿시간당 발생하는 기체의 부피니까요, 부피의 단위를 mL라고 한다면 mL/초, mL/분이 되겠네요.

　반응 속도를 표현하는 방법도 이제 모두 알았군요. 앞으로는 생활 속 화학 반응에 관심을 갖고 우리가 공부한 반응 속도를 잘 적용해 가길 바랍니다.

오늘은 간단한 실험을 해 봐요.

어? 빨래할 때 사용하는 산소계 표백제와 강판에 간 감자네요.

그래요. 산소계 표백제에 감자를 넣으면 산소가 발생해서 시험관 입구에 씌운 풍선이 부풀어 오르지요. 그런데 발생한 기체의 양을 알아낼 수 있을까요?

풍선 대신 눈금이 있는 주사기를 사용하면 발생한 기체의 양을 알아낼 수 있어요.

맞아요. 그렇게 하면 알 수 있죠.

선생님, 처음에 뒤로 쭉쭉 밀려 나가던 피스톤이 점차 조금씩 밀려 나가고 있어요. 점점 발생하는 기체의 양이 줄어들고 있나 봐요.

반응물이 생성물로 변하는 동안 생성물의 양은 증가하고 반응물의 양은 감소하지요.

반응물의 양이 점차 감소하니까 반응이 진행됨에 따라 피스톤이 뒤로 밀려 나가는 정도도 느려지겠군요.

이 그래프를 보면 B점보다 A점에서 기울기가 가파르니까 초기에 반응이 빠르게 진행된다고 할 수 있지요. 그럼 반응 속도는 어떻게 측정할까요?

반응이 진행되면서 시간당 변화하는 반응물의 농도나 생성물의 농도를 측정하면 돼요.

산소 기체의 부피

B

A

시간

맞아요. 그런데 이렇게 기체가 발생하는 실험에서는 농도 변화보다는 발생하는 기체의 양을 통해 더 쉽게 반응 속도를 구할 수 있지요.

그렇군요.

이온화설의 기초를 이룩한, 아레니우스 Svante Arrhenius, 1859 ~ 1927

　　스웨덴의 화학자이자 물리학자인 아레니우스는 웁살라 근처의 비크에서 태어났습니다. 1876년 웁살라 대학에 입학하여 물리학, 화학, 수학을 배웠지만, 학업에 불만을 느낀 아레니우스는 1881년에 스톡홀름으로 가서 에들룬드의 실험실에서 전해질 희석 수용액의 전기 전도도에 관하여 연구했으며, 1884년 웁살라 대학에 박사 학위 논문으로 제출하였습니다. 학위를 받은 뒤 겨우 그 대학의 시간 강사 자리를 얻는 데 그쳤지만, 그 논문은 유럽 각지로부터 많은 관심을 끌었습니다.

　　그 후 아레니우스는 과학 아카데미의 연구비를 받아 라트비아, 독일, 오스트리아, 네덜란드 등지에서 다른 나라 과학자들과 함께 연구하는 기회를 얻었습니다. 1891년 스톡홀름 대학 물리학과의 강사가 되었고, 1895년 교수로 승진, 2년 뒤부터 1905년까지 학장을 역임하였습니다. 1905년 스웨덴 과학 아카데미에서 노벨 물리 화학 연구소를 설립하면서 그를 소장으로 선임하였습니다.

1900년 《이론 전기 화학 교과서》, 1903년에는 《우주 물리학의 교과서》, 1906년 《화학의 이론》과 《면역 화학》, 1918년 강연집 《용해의 이론》 등의 저서를 냈습니다. 그 밖에도 일반 독자를 위해 다양한 책을 썼습니다.

1901년 스웨덴 과학 아카데미 회원이 되었고 1903년 노벨 화학상을 수상하였으며, 1911년에는 영국 왕립 협회의 해외 회원이 되었고, 1914년에는 왕립 협회의 데이비 메달과 화학 협회의 패러데이 메달을 받았습니다.

언제, 무슨 일이?

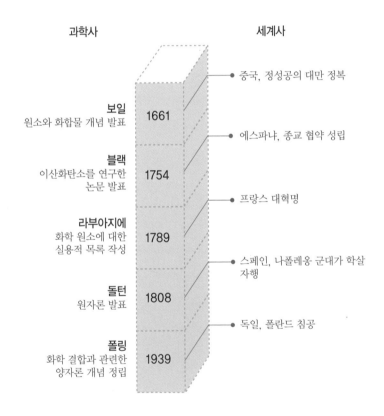

과학사

보일
원소와 화합물 개념 발표

1661

● 중국, 정성공의 대만 정복

블랙
이산화탄소를 연구한
논문 발표

1754

● 에스파냐, 종교 협약 성립

라부아지에
화학 원소에 대한
실용적 목록 작성

1789

● 프랑스 대혁명

돌턴
원자론 발표

1808

● 스페인, 나폴레옹 군대가 학살
자행

폴링
화학 결합과 관련한
양자론 개념 정립

1939

● 독일, 폴란드 침공

세계사

체 크 , 핵 심 내 용
이 책의 핵심은?

1. 어떤 물질이 자체적으로 또는 다른 물질과 상호 작용하여 화학적 성질
   이 다른 물질로 변하는 현상을 □□ □□ 이라고 합니다.
2. 반응이 일어날 수 있는 충돌을 □□ □□ 이라고 합니다.
3. 충돌 반응이 일어나기 위해서는 반응물이 충돌해야 합니다. 그 충돌은
   □□□도 충분해야 하고, □□ □□도 적합해야 합니다.
4. 반응이 일어나는 데 필요한 최소한의 에너지를 □□□ □□□라
   고 합니다.
5. 반응물의 □□가 증가하면 충돌 횟수가 증가하고 결과적으로 반응
   속도가 빨라지게 됩니다.
6. 반응 입자 수는 그대로인데, □□의 상승으로 부피가 감소하였다면
   반응물의 충돌 횟수는 증가합니다.
7. □□는 반응에 참여하여 화학 반응의 속도를 변화시키지만, 그 자신
   스스로는 반응 전후에 화학 변화를 일으키지 않습니다.

1. 화학 반응 2. 유효 충돌 3. 에너지, 충돌 방향 4. 활성화 에너지 5. 농도 6. 압력 7. 촉매

사랑도 화학 반응이다

  우리가 누군가를 만나 사랑에 빠지며 서로 사귀게 되는 등의 사랑의 정서적 과정은 우리 몸무게의 2.5%를 차지하는 1.3kg 정도의 타원형의 기관인 뇌에서 이루어집니다. 특히 여러 가지 뇌 분비 물질이 그 주된 역할을 하는데, 이 분비 물질들을 매개체로 뉴런의 시냅스로 신호가 증폭되면서 사랑의 감정이 이뤄집니다. 단적으로 말해서, 뇌 속에 들어 있는 신경 전달 물질들의 반응으로 사랑을 하는 것입니다.

  사랑과 밀접한 관련이 있는 부분은 뇌 안에서 감정, 기억 등을 담당하는 변연계(limbic system)라고 불리는 부분입니다. 대뇌 반구 내부와 밑면에 위치하며 시상, 시상 하부, 편도, 해마와 각종 핵들로 이루어진 부분을 통합적으로 변연계라 합니다. 이 부분은 개체 및 종족 유지에 필요한 본능적 욕구와 직접 관련되어 있어 '본능의 자리'라고 부르기도 합니다. 바로 변연계에서 사랑에 관련된 일명 러브 케미컬이 합성되고 분비되며 작용하게 되는 것입니다.

누구나 사랑을 느끼게 되는 불꽃 튀는 순간이 있습니다. 이때부터 뇌에서는 전기 폭풍이 일어나며 각종 뇌 분비 물질로 파도치게 됩니다. 이러한 사랑의 전조 단계에서는 상대방에게 강하게 끌리며 갈망하게 됩니다. 변연계에서 분비되는 도파민은 바로 이러한 감정을 느끼게 하는 주된 신경 전달 물질입니다.

특히 도파민은 행복감이나 만족감을 고양시키고 강한 보상과 성취 욕구를 느끼게 합니다. 때문에 지치고 힘들어도 사랑하는 사람을 보면 행복해지고 힘이 솟아나며 사랑하는 사람에게 더욱 사랑받고 싶어하는 것입니다. 그러나 과잉 도파민 활동은 정신 분열증을 야기합니다. 세로토닌은 기분을 조절하고 수면과 환각 증상과 밀접한 관련이 있으며 상대방의 결점까지도 장점으로 승화시키는 엄청난 콩깍지 기능을 갖고 있습니다. 아드레날린은 혈압을 상승시키고 땀이 나게 하며 얼굴이 빨개지고 심장 박동 수를 증가시키는 요인이 됩니다.